化学三部曲

化学与健康

黄 梅 刘 伟 李五海 曹书梅 主编

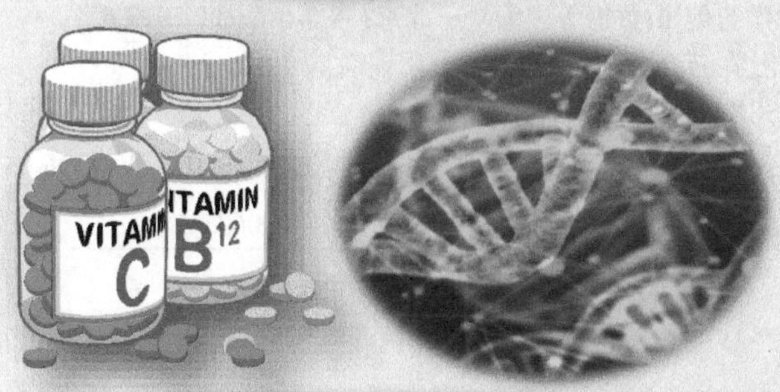

科 学 出 版 社
北 京

内 容 简 介

本书共分为五篇。第一篇介绍了人体内的化学元素、化学反应和化学平衡等与人体健康的关系；第二篇介绍了食品添加剂和咖啡等饮料中的化学物质在人体内的作用；第三篇讲述了洗发水、洗面奶和洗衣液等生活清洁用品中的化学物质的具体作用机制；第四篇从药物与化学的角度展开，介绍了一些常见的药物如青霉素、吗啡等；第五篇讲述了烟草、涂料等对生活环境的影响，从化学的专业视角使人们了解与健康有关的知识。

本书的读者对象主要为青少年，通过本书的学习将进一步激发青少年对化学科学知识的学习兴趣，客观、科学地引导他们树立正确的价值观，明白化学在人类健康方面的重要作用。

图书在版编目（CIP）数据

化学与健康/黄梅等主编. —北京：科学出版社，2023.6
（化学三部曲）
ISBN 978-7-03-075597-1

Ⅰ.①化… Ⅱ.①黄… Ⅲ.①化学—关系—健康 Ⅳ.①O6-05

中国国家版本馆CIP数据核字（2023）第090695号

责任编辑：丁 里／责任校对：杨 赛
责任印制：张 伟／封面设计：陈 敬

科学出版社 出版
北京东黄城根北街16号
邮政编码：100717
http://www.sciencep.com

北京中科印刷有限公司 印刷
科学出版社发行 各地新华书店经销
*
2023年6月第 一 版 开本：720×1000 1/16
2023年6月第一次印刷 印张：13 1/2
字数：214 000

定价：69.00元

（如有印装质量问题，我社负责调换）

《化学与健康》编写委员会

主　编　黄　梅　刘　伟　李五海　曹书梅

副主编　许应华　陈进东　龙武安　陈世廷

唐大财　谢梦蓉　刘　禹

编　委（按姓名汉语拼音排序）

曹书梅　陈进东　陈苗雨　陈世廷　邓佳英

冯　超　冯　悦　傅正伟　龚理文　郭晓青

韩　璐　何　英　黄　梅　霍本斌　李　琼

李五海　刘　伟　刘　禹　刘立帮　龙武安

卢巧灵　牟华成　眭凡花　孙庆元　谭　军

唐大财　陶建忠　汪宁波　吴晓霞　谢梦蓉

许应华　薛　静　杨　迪　张　洁　郑　洲

钟得洪

前　言

党的二十大报告指出："人民健康是民族昌盛和国家强盛的重要标志。"化学与人们的健康密切相关，日常生活中的健康话题几乎都与化学息息相关。本书以化学知识为基础，通过与人体、生活健康密切相关的问题进一步延伸，阐述了化学在健康生活中的实际应用。

本书强调了化学对人类生活、健康的影响是日积月累、潜移默化的。人们只有学习化学、了解化学，才可以科学地利用化学知识改变生活，让化学全方位服务于生活，从而进一步提高生活质量，走向健康生活。本书主要从人体、饮食、家居建筑中的健康问题等视角挖掘其中的化学奥秘，以通俗易懂的语言将化学专业知识呈现给大众，体现了科普性与专业性的结合。本书深入浅出，是适合大众的科普性读物，也可作为各高校化学类通识课的教材。

本书是众多编者共同努力的结果，感谢全体编委对书稿编写的辛苦付出，以及邢若琳、钱璐洁、苏益凡、任艳玲、陈泽慧、马镜、李炳儒、王静、周筱雯、王颂、谭传玉、昌晏飞、李玉、胡春婷、周玉浓、黄艳萍、石庄、谭慧君、廖芮琦、曹馨予、张雨婷、彭懋楠等学生在书稿后期修订工作中做出的贡献。此外，特别向忠州中学、伊犁师范大学、西南大学和重庆师范大学对本书出版工作的支持表示最诚挚的感谢！

由于编者水平有限，本书内容难免有不妥之处，希望广大读者提出宝贵意见和建议，以便对本书进行修改和完善。

编　者

2022 年 8 月于西南大学

目 录

第二篇　食品添加剂和饮料

第三篇 生活清洁用品

第四篇 药物与化学

第五篇 绿色家居

第一篇

化学元素与人体健康

1　热闹的“元素之家”

1.1　初相遇·境中问“化”

她们，有美丽的外表；她们，有神秘的面纱。“她们”与人们的健康息息相关，“她们”就是化学元素。“她们”组成了一个热闹的元素大家庭，人们渴望靠近“她们”，但人们似乎不够了解“她们”。今天是否可以靠近几位“优雅的姐姐”，了解“她们”并揭开她们神秘的面纱呢？

1.2　慢相识·“化”园寻理

1.2.1　认识“元素之家”

人体到底由哪些元素组成，需要补充哪些元素？先一起来认识人体内的化学元素这个热闹的“大家庭”吧！

人类自诞生以来，便一直享受着阳光和大地的滋润，并接受着它们源源不断的馈赠，也正是有了大自然赋予的丰富食物，生命才得以延续。各种各样的食物在人体内酶的催化作用下，经过消化、吸收和新陈代谢，转变成维持生命体健康生长、发育和其他生理功能所需的营养。根据质量守恒定律可知，组成食物的化学元素并没有凭空消失，而是以糖类、蛋白质、脂肪等形式继续存在于人体中，从这个角度来说，人和自然界的其他生物一样，也是由化学元素组成的。研究证明，地壳表层存在的 90 多种元素几乎全部能在人体内找到[1]。这些化学元素之间关系融洽，彼此协作，快乐地生活在一个热闹的“大家庭”里，当然这个“家”就是人的身体，人们就是天生的“化学家”。接下来一起看看家庭中的“小伙伴”们吧（图 1-1）！

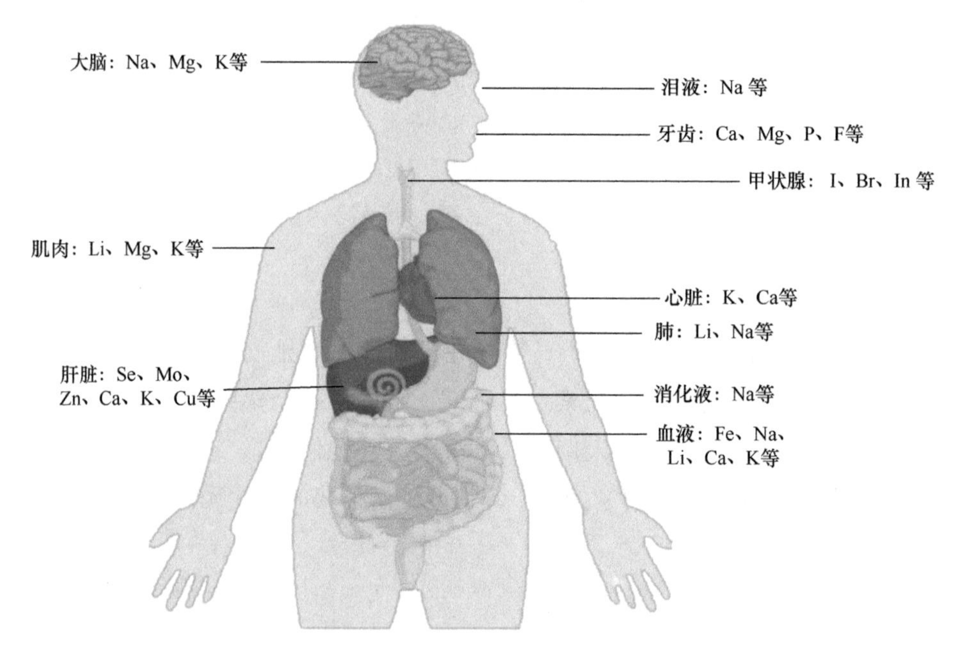

图 1-1　人体内的化学元素

按照元素在人体中的含量，可将化学元素划分为宏量元素（或常量元素）与微量元素（或痕量元素）两大类：质量分数占人体总质量 0.01% 以上的元素称为宏量元素，包括氧、碳、氢、氮、钙、磷、钾、硫、钠、氯、镁等；质量分数占人体总质量 0.01% 以下的元素称为微量元素，包括铁、锌、铜、锰、碘、钴、锶、铬、硒等。对于一个健康的成年人，常量元素约占体重的 99.96%，微量元素约占体重的 0.04%。

1.2.2 常量元素——钙

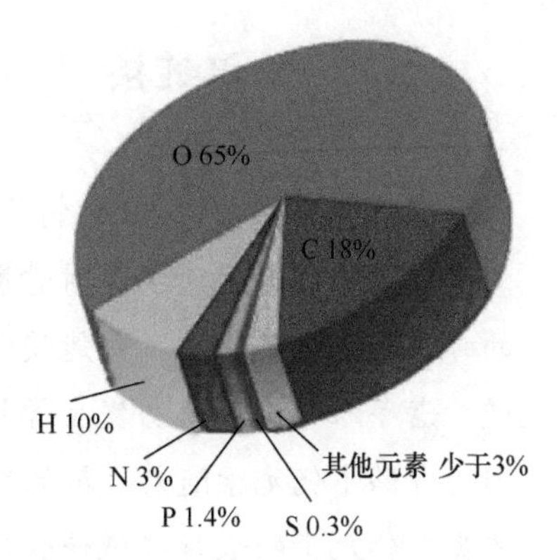

图 1-2 组成人体细胞的主要元素

在常量元素中，碳、氢、氧、氮是组成人体有机质的主要元素，占人体总质量的96% 以上（图 1-2）。主要以糖类、蛋白质、油脂、水、维生素等形式存在，而其他常量元素多以无机盐的形式存在。常量元素中最令人瞩目的莫过于钙元素了。在讨论补钙之前，先学习一点关于钙的基本生理知识。

人之所以能站立、行走，重要的原因之一就是骨骼通过关节、肌肉连成一个整体，从而起到支撑及保持体形的作用。而钙盐 [主要是羟基磷酸钙，$Ca_{10}(PO_4)_6(OH)_2$] 约占骨骼组成的 2/3，其作用在于使骨骼保持一定的强度。当食物中的钙元素由小肠上皮细胞吸收进入体内时，其中 1% 在体液中以游离钙、蛋白结合钙等形式存在，并不断经肾脏排出体外，而剩余 99% 以羟基磷酸盐的形式存在于骨骼中[2]。因此，从这个角度来说，要想让儿童长得高，老年人远离骨质疏松症，适当地补充钙元素是很有必要的。如何科学补钙呢？

生活之道

骨头汤能补钙？

喝骨头汤是很多人补钙的常用方法，尤其是骨头汤经过长时间熬制，会变得浓稠并且很白，看似钙元素都溶解出来了。喝骨头汤补钙的说法来源于骨头中的钙在一定情况下是可以溶出的，所以人们在血钙水平比较低的时候喝骨头汤来维持血钙水平的稳定。但是动物在死亡之后，骨钙便很难溶解，即使加醋，能溶出的钙也极其有限，所以用骨头汤补钙的方法是不科学的。

首先，在讨论科学补钙前，必须提到钙元素的亲密“小伙伴”——维生素 D。维生素 D 如同一位不知疲倦的“搬运工”，负责将钙元素从细胞外搬运进细胞内，无论是钙在肠道的吸收还是在肾脏的回收，都离不开维生素 D 的大力帮助。维生素 D 还是为数不多的可以由

知识链接

人体骨骼主要由2/3的钙盐和1/3的骨胶原构成，两种物质对骨骼所起的作用是完全不同的。钙能使骨骼坚硬，老年人摔倒后容易发生骨折就是因为骨骼中钙元素随着年龄的增长而流失，钙元素的浓度降低使骨骼的硬度降低，质地变脆。骨胶原是骨骼内的一种纤维状蛋白，分布在人体的肌腱、关节连接的软骨组织和结缔组织及皮肤的真皮层中，具有高度的抗张能力，主要作用是使骨骼富有弹性与韧性并为骨骼提供营养物质。胶原蛋白就像一张网，能够促进钙质在骨骼上的附着，从而使人体更好地吸收钙质，减少钙的流失。钙盐与骨胶原二者相辅相成，才能让人体拥有兼具强度与韧度的骨骼。

人体自身合成的维生素，而它的合成需要一个特别的条件——光照，只有在紫外线的照射下，人体自身合成或是从外界摄入的前体（主要是 7- 脱氢胆固醇）才会变成具有生物活性的维生素 D，因此户外活动是预防各种钙缺乏疾病的重要手段。

其次，就补钙对象来说，膳食正常、均衡的健康青壮年是不需要补钙的。现代医学也只建议一部分特定的人群补钙，如孕妇、儿童（0~3 岁）和青春期少年（10~20 岁）及中老年人。

对于孕妇来说，由于胎儿骨骼发育需要母体提供大量钙质，容易造成孕妇血钙降低，而此时会通过血管平滑肌收缩等机制使血压升高，极易造成妊娠高血压。因此，孕期补充钙不仅能保证胎儿正常发育，还可以减少妊娠高血压的风险。世界卫生组织在 2013 年发布的《孕妇补钙指南》建议：在钙摄入水平较低的地区，孕妇（尤其是伴有肥胖、糖尿病等疾病的妊娠高血压高危孕妇）应当从孕 20 周起每日摄入 1500~2000mg 钙（三餐时分次摄入）直至分娩[3]。

儿童（0~3 岁）和青春期少年（10~20 岁）：这个阶段是身体各个器官的快速生长发育期，补钙的重要性无需多言。由 11 个国际科学组织共同完成的 2016 版“营养性佝偻病防治全球共识”建议，为预防佝偻病，无论何种喂养方式的婴儿均需补充维生素 D 400 IU/d；12 月龄以上儿童至少需要维生素 D 600IU/d[4]。

中老年人由于激素水平下降，且膳食摄入不均衡、缺乏运动，导致骨密度下降、骨脆性增加，即骨质疏松。美国国家骨质疏松症基金会在 2014 年发

布的《骨质疏松预防和治疗指南》建议：50~70 岁男性每日摄入 1000mg 钙，而同年龄段女性和 70 岁以上男性则增加到 1200mg。

1.3 深相知·“化”出健康

微量元素在人体内的含量虽然不多，但与人的生存和健康息息相关，对人的生命起着至关重要的作用（图 1-3）。根据机体对微量元素的需要情况可分为两大类：必需微量元素和非必需微量元素。必需微量元素是维持有机体正常生命活动不可缺少的元素，如铁、铜、锌、硒、铬、钴、钼、碘等。不可缺少并不是指缺少该元素会危及生命，而是指缺少时会引起机体生理功能及结构的异常，从而导致疾病发生。与之相对应的，尚未明确其生物学作用也未发现有毒性的元素称为非必需微量元素，如钛、锆、钡、硼、铷等。将微量元素分为必需与非必需、有毒或无害只是相对的，因为即使是同一种微量元素，低浓度时是有益的，而高浓度则可能是有害的。例如，碘是维持甲状腺正常功能所必需的微量元素，人体缺碘会引起甲状腺肿大，也就是俗称的“大脖子病”，但是机体内部碘元素浓度过高则会引起甲状腺功能亢进症和自身免疫性甲状腺病。下面主要讨论必需微量元素中铁、锌两种元素。

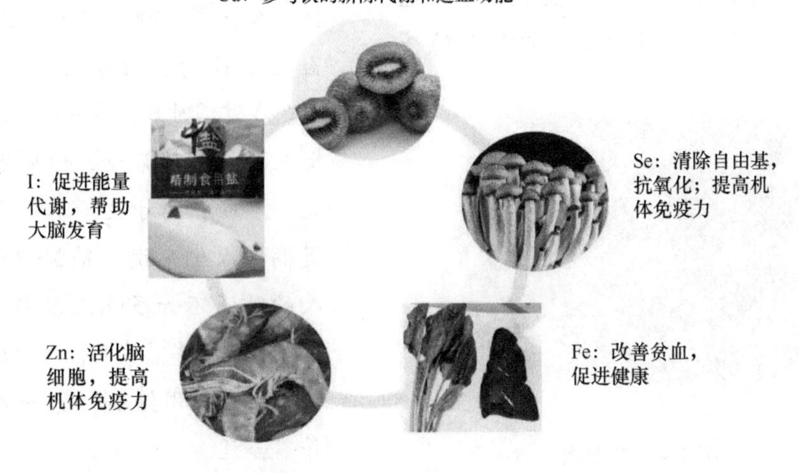

图 1-3 部分微量元素的作用

1.3.1 铁——贫血卫士

铁作为人体必需的微量元素之一（成年人体内铁元素的含量为3~5g），无论是其含量还是重要性都高居微量元素界的榜首，堪称微量元素界的“老大”，对人体的正常生理功能起着“顶梁柱”的作用。举个简单的例子，人体的呼吸就是吸入氧气并呼出二氧化碳的过程，而氧气被运送到体内全是红细胞（图1-4）中血红蛋白的“功劳”。血红蛋白与空气中的氧气结合，并将其运送到身体各组织，而组织中新陈代谢产生的一部分二氧化碳也被运到肺部并通过肺泡与体外的氧气进行气体交换，从而将二氧化碳排出体外。而铁是红细胞内血红蛋白生成的重要原材料之一，如果人体长期缺少铁元素，或者对铁元素的吸收有障碍，血红蛋白的合成就会受到影响，血液供氧能力降低，人体容易产生肤色苍

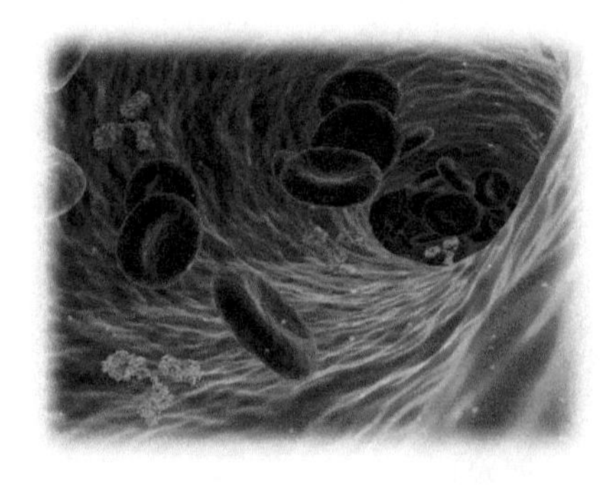

图1-4　红细胞

生活之道

铁锅炒菜可以补铁？

相信不少人听过这样的说法：铁锅炒菜可以补充人体铁元素。果真如此吗？首先要肯定的是，铁锅炒菜确实能提高菜肴中的铁含量，不过这种情况通常称为烹调器具带来的金属污染。它的原理很简单，锅壁上的铁在铲子的刮蹭之下有微量碎屑掉下来，接触到食物中的酸性物质后变成Fe^{2+}，而Fe^{2+}不稳定，极易被空气中的氧气氧化为Fe^{3+}混入食物中，从而增加食物中铁的含量。但人体最容易吸收的铁是血红素铁，吸收率为30%~35%，而非血红素铁的吸收率只有3%以下。在贫困时期，尽管这种方式摄入的铁量非常少，但聊胜于无。然而，对于生活水平已经提高的人们来说，铁锅炒菜摄入的铁还不如多吃点瘦肉或肝脏吸收的铁多。因此，对于现在的人来说，用铁锅炒菜来补铁并不合适。

白、疲乏无力的症状，更有严重者会引起缺铁性贫血，全面影响人体的生理功能。

世界卫生组织的调查表明，大约有 50% 的女童、20% 的成年女性、40% 的孕妇会发生缺铁性贫血[5]。怎样科学补铁呢？很简单，吃富含铁元素的食物。食物中的铁有两种存在形式：非血红素铁及血红素铁。血红素铁就是指各种红色的动物性食品（如动物内脏，肝脏、肾脏、心脏、脾脏等，以及各种血液和红肉）中所含的铁，这种铁和人体血液中的铁状态相同，不会受到膳食中其他成分的干扰，最容易被人体吸收利用。其他来自蔬菜、谷物、豆类等植物性食物中的铁则属于非血红素铁。这类铁一般吸收利用率较低，而且会受到食物中各种干扰因素的影响，吸收利用率进一步下降。

1.3.2 锌——生命之花

锌作为人体必需的微量元素，其含量仅次于铁，直接参与了人体内 300 多种酶的组成，对于组织呼吸以及蛋白质、脂肪、糖和核酸等的代谢有重要作用，是维系人体健康，促进人体的生长发育、新陈代谢、提升免疫力和调节脑细胞功能等的重要微量元素之一，素有“生命之花”的美誉。同时，人类高级神经活动的核团——海马体，是学习语言、接收和存储信息的部件，其中锌含量为大脑总含锌量的 1/6，充足的锌对大脑灵活聪明起到关键作用，故锌也有“智力之源”的称号。而且研究成果表明，补锌对提高人体免疫力、促进儿童身体健康起着极其关键的作用，对于青壮年和中老年人来说，通过补锌来提高免疫力从而抵抗疫病同样具有意义[6]。

在中国人的传统膳食习惯中，菜品通常是用煎、炒、烹、炸等高温手段烹制的，高温烹制的过程会导致菜品中很多营养物质流失，特别是锌的流失；此外，含锌较高的食物如动物肝脏和海鲜等，并非是中国家庭的常用食物，导致中国儿童缺锌率很高，达到近 60%。也就是说，平均不到两个儿童就有一个缺锌。补锌首推食补，可多食用富含锌的食物（图 1-5），如

图 1-5　富含锌的食物

贝壳类海产品、红色肉类、动物肝脏、核桃、花生等。如果缺锌严重，可遵医嘱服用葡萄糖酸锌口服液或其他补锌制剂。

我们走进热闹的元素之家，通过认识贫血卫士——铁及生命之花——锌，揭开了两位“姐姐”的神秘面纱，感受到了“她们”对人体健康的不可或缺。元素可以组成不同的物质，那么这些美丽的元素“姐姐们”组合起来又会给人类的健康带来怎样的影响呢？让我们一起探寻！

参考文献

[1] 顾钢，吴莩青，彭运开，等 . 人发中微量元素检测方法 [J]. 苏州医学院学报，1985，1：86-89.

[2] 蔡丽娟，杨芳 . 肿瘤患者血钙异常的处理 [J]. 中国临床医生杂志，2022，50(1)：19-22.

[3] 邱玲，苏宜香 . 孕期不同钙摄入量对孕产妇骨健康的影响 [C]. 中国营养学会钙与妇女和儿童健康研讨会论文集，2003：80-85.

[4] 阎雪，韩笑，张会丰 . 2016 版“营养性佝偻病防治全球共识”解读 [J]. 中华儿科杂志，2016，54(12)：891-895.

[5] 苏春 . 孕妇缺铁性贫血的调查分析 [J]. 兵团医学，2014，40(2)：15-16.

[6] 罗凤丽 . 补铁与补锌在小儿生长发育中作用的研究进展 [J]. 健康之路，2017，2：16-17.

图片来源

封面图、图 1-3~ 图 1-5　https：//pixabay.com

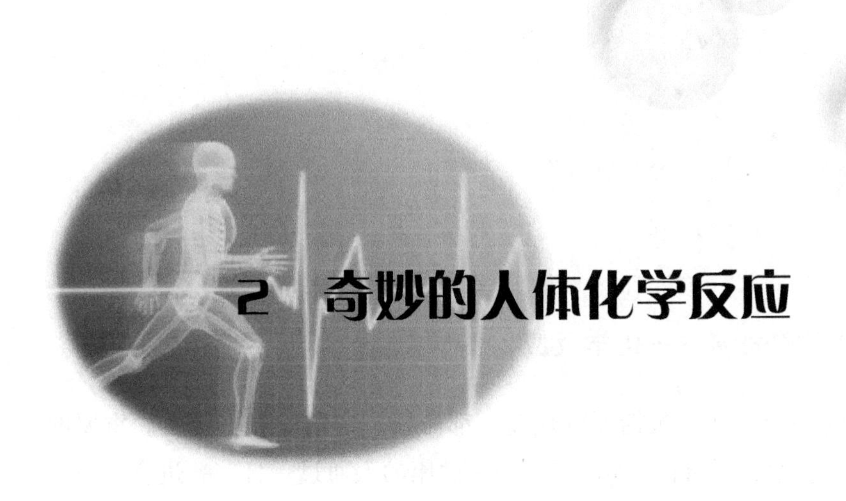

2 奇妙的人体化学反应

2.1 初相遇·境中问“化”

人体内每天都在进行新陈代谢，体内细胞也在时刻更新。据估计，人体每分钟换气 5~8L；每天完成体内 3% 的蛋白质更新；一周之内更新体内 1/2 的水；构成人体的原子在一年之内约有 98% 得到更新；人的一生消耗大约 40t 水和 25t 其他营养物质。

这些人体的变化与更新与人体摄入的物质在体内发生的各种化学变化密切相关。各类化学反应都是怎样发生才能完成体内如此大的变化与更新呢？现在请跟随洪洪——一名能够自由收缩身体并且适应环境变化的新闻记者，到人体内进行一次健康之旅吧！

2.2 慢相识·“化”园寻理

2.2.1 食物们的表演——化学反应的基本类型

人体内的一切活动，包括新陈代谢，都需要一定的能量来维持。重要的能量物质主要有糖类、脂肪、蛋白质。一个健康的人通过一日三餐进食米饭、肉类、鱼、蛋、蔬菜、水果等（图 2-1），这些食物进入人体后都会转化为糖类、蛋白质、脂肪、维生素等。这些有机化合物在体内通过相应生物酶的催化作用发生氧化分解，最终转变为二氧化碳和水，同时释放出热能供人体活动所需。这些化学反应都有哪些呢？

现在我们位于人体的口腔，等待我们的伙伴蛋白质、淀粉、脂肪等营养物质亮相，并且让他们各自解说在人体内都发生了哪些化学反应（图 2-2），才能最终转化为人体所需的物质和供给生命活动所需要的能量。现在先去看看他们的代表——淀粉所发生的反应吧！

图 2-1　人体摄入的营养物质

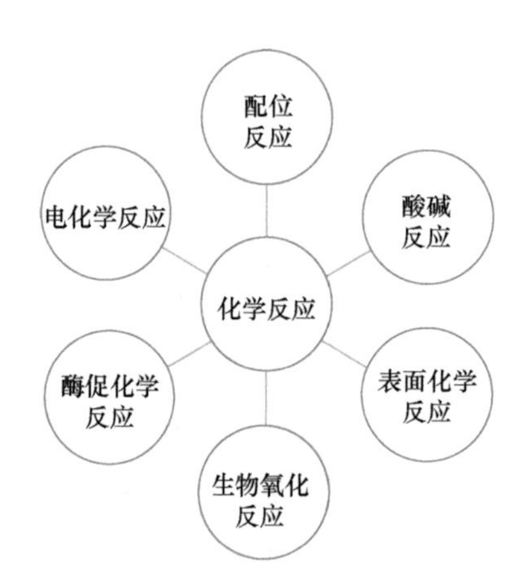

图 2-2　人体内发生的化学反应

2.2.2 酶促化学反应

1. 淀粉的表演

刚刚在听食物们各自的讲解时，我们感觉到了甜味，这是由于淀粉（图2-3、图2-4）在唾液淀粉酶的作用下发生水解生成麦芽糖，麦芽糖又在麦芽糖酶的作用下发生水解生成葡萄糖[1]（图2-5）。唾液淀粉酶、麦芽糖酶分别在淀粉水解、麦芽糖水解过程中所起的作用称为催化作用。这种起催化作用的物质称为催化剂，它的特点是能加快反应速率，但不影响化学平衡。因此，这种在有催化剂条件下发生的反应又称为催化反应。

图2-3　马铃薯

图2-4　面包制品

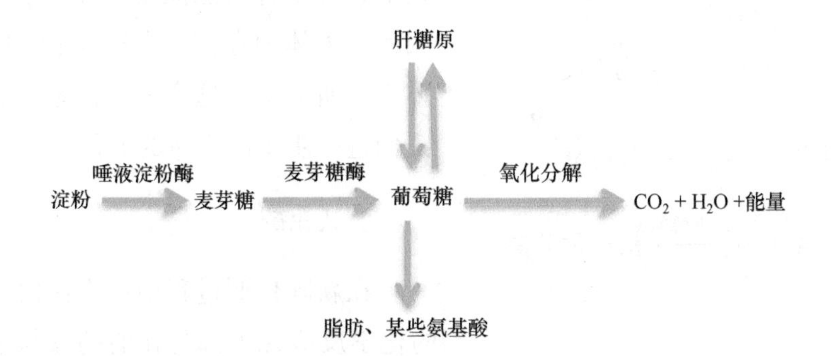

图2-5　淀粉在人体内的转化过程

催化剂在催化反应中起重要作用，因为它可以大大降低反应所需要的活化能，从而加快反应速率。从本质上讲，化学反应是旧的化学键断裂、新的化学键形成（化学键重组）的过程[2]。原料分子中的化学键断裂时需要从外界吸收能量，形成新的化学键时又向外界释放能量。假设反应的原料分子为A和BC，产物分子为AB和C，在反应过程中某个瞬间处于过渡状态，此时原料分子的化学键未完全断裂，新键也未完全形成，称为活化态。活化态与原料分子起始状态之间的能量差 ΔE 称为活化能，催化剂的作用是降低了反应的活化能，加快了反应速率（图 2-6）。

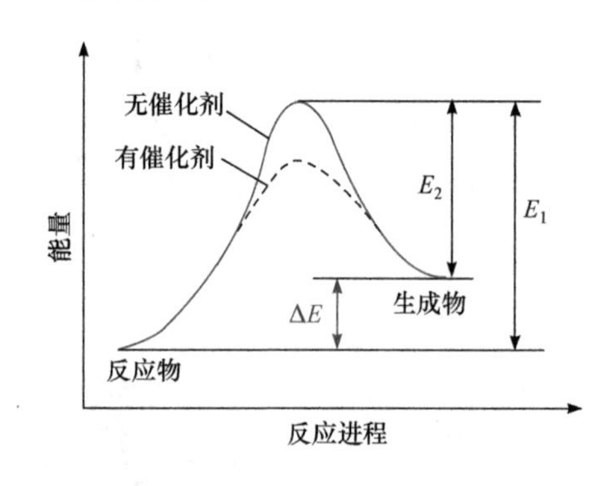

图 2-6　催化剂对反应进程的影响

此外，催化剂还有选择性，一种催化剂只能催化某一种化学反应。据估计，人体内有数千种化学反应，科学家已经发现人体中有两千多种酶，酶是生物催化剂，每一种酶能催化一种化学反应。因此，人体内存在一个极其复杂的催化体系，研究清楚这个催化体系，有利于人们进一步了解生命的奥秘。

资料卡片

人体内的部分催化反应

蛋白质 + 水 $\xrightarrow{\text{水解酶}}$ 氨基酸

淀粉 + 水 $\xrightarrow{\text{水解酶}}$ 葡萄糖

RNA + 水 $\xrightarrow{\text{水解酶}}$ 核糖核苷酸

2. 认识酶

在新陈代谢过程中，人体内所发生的化学反应几乎都是在酶的参与下完成的。酶的催化效率非常高，一般是无机催化剂的 10^7~10^{13} 倍，酶促反应的速率是非催化反应速率的 10^8~10^{20} 倍。酶的催化作用具有高度的专一性，即一种酶只能催化某种特定的反应。例如，淀粉水解酶只能催化淀粉的水解；胃蛋白酶只能促进蛋白质的水解等。此外，酶的催化作用还具有高度的选择性、

反应条件温和等特点。

酶的催化效率除受酶的种类、反应物的浓度影响外，还受溶液的温度、酸碱性环境（pH）等影响。

酶是一种结构复杂且具有催化作用的生物大分子，绝大多数为蛋白质，少数为RNA，又称为生物催化剂。酶需要与非蛋白质成分（辅基）结合在一起才具有活性。辅基往往由少数几个氨基酸残基或残基上的某些基团组成。根据辅基的种类不同，酶可以划分为金属酶和辅酶。辅基为金属离子的酶称为金属酶（表2-1）；辅基为有机小分子化合物的酶称为辅酶，如辅酶Ⅰ（NAD）、辅酶Ⅱ（NADP）。没有辅基的酶不具有催化活性。

酶的命名

酶通常按其所催化的底物名称来命名。例如，催化醛氧化的酶称为醛氧化酶；催化过氧化氢分解的酶称为过氧化氢酶；唾液腺分泌的用于催化淀粉水解的酶称为唾液淀粉酶；胃腺分泌的用于促进蛋白质水解的酶称为胃蛋白酶；肠腺分泌的用于催化多肽水解的酶称为肠肽酶；等等。

表2-1　人体内的一些重要金属酶

金属	酶	生物功能
铁	苯丙氨酸羟化酶	苯丙氨酸代谢
	琥珀酸脱氢酶	糖类氧化
	醛氧化酶	醛氧化
	过氧化氢酶	过氧化氢分解
	细胞色素氧化酶	电子传递
锰	精氨酸酶	脲的生成
	丙酮酸羧化酶	丙酮酸代谢
锌	碳酸酐酶	CO_2的水合催化
	羧肽酶	蛋白质消化
	醇脱氢酶	醇代谢
铜	铜蓝蛋白	铁的利用
	酪氨酸酶	皮肤色素的形成
	超氧化物歧化酶	超氧自由基歧化分解
	细胞色素氧化酶	电子传递
钴	核糖核苷酸还原酶	DNA的生物合成
	谷氨酸变位酶	氨基酸代谢

在金属酶中，大部分酶含有的金属离子为变价金属，这种酶称为氧化还原酶。氧化还原反应是一切生命活动过程的基础，氧化还原酶是氧化还原反应的有效催化剂，处于酶中的金属离子利用它在两种氧化态之间往复转变，催化底物发生氧化还原反应。例如，过氧化氢酶能够有效催化过氧化氢（H_2O_2）的分解。常见的氧化还原酶还有铜蓝蛋白、乳酸脱氢酶及过氧化物酶等。

金属酶中还有一部分是用于促进食物消化的水解酶。当食物进入人体消化道后，受到多种水解酶的作用，如胰蛋白酶催化食物中的蛋白质水解生成多肽和氨基酸；胰脂肪酶则催化食物中的脂肪水解生成甘油和脂肪酸[3]等。下面介绍几种代表性的金属酶。

1）碳酸酐酶

从人的红细胞中提取出来的碳酸酐酶（CA）含259个氨基酸残基和一个锌(Ⅱ)离子（图2-7），而锌(Ⅱ)离子是维持酶活性所必需的离子。碳酸酐酶是哺乳动物生理上非常重要的锌酶，包括16种不同的同工酶亚型，其中位于细胞质中的碳酸酐酶属于细胞溶质酶；位于细胞膜上的碳酸酐酶属于跨膜蛋白酶；还有一些碳酸酐酶存在于线粒体及唾液中（图2-8）。它们都具有不同可逆程度的CO_2水化活性，水合速率可达$10^6 s^{-1}$，即1mol酶在37℃时每秒能使10^6个CO_2分子发生水合作用。如果没有碳酸酐酶的催化，CO_2的水合速率仅为$7.0\times10^{-4}s^{-1}$，碳酸酐酶使CO_2的水合速率提高了10^9倍，从而大大加速了生物体静脉中CO_2的运送。已有人提出将碳酸酐酶用于潜艇，以控制艇内人员呼吸释放的CO_2浓度。据统计，一个正常人处于静态时，每天需吸氧（O_2）450L，呼出CO_2约360L。如果再配合植物的光合作用，将艇内人员呼出的CO_2经过生物转化产生O_2，则在消除CO_2的同时还可解决艇内人员的供氧问题，使艇内的CO_2和O_2维持平衡。

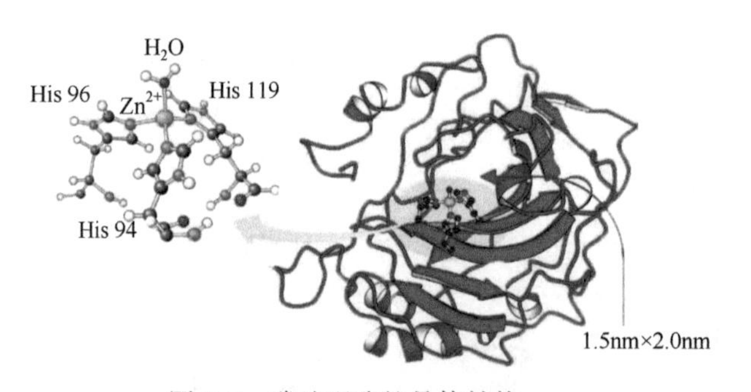

图2-7　碳酸酐酶的晶体结构

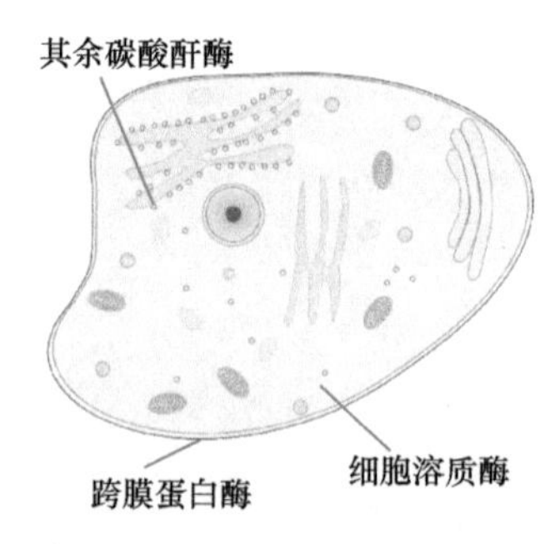

图2-8　不同类型的碳酸酐酶

碳酸酐酶在体内含量的变化会影响人体健康，甚至引发各种癌变。例如，血清中碳酸酐酶含量升高，则可能患非小细胞肺癌、肾透明细胞癌、膀胱癌、宫颈癌、乳腺癌[4]、结直肠癌等。

2）超氧化物歧化酶

超氧化物歧化酶（SOD）在人体内有三类：SOD1（位于细胞质中）、SOD2（位于线粒体中）、SOD3（位于血红细胞外）。SOD1为二聚体，其他两类为四聚体。SOD1和SOD3的活性位点含有铜和锌，即Cu/Zn-SOD；SOD2的活性位点含有锰，即Mn-SOD（图2-9）。从牛的红细胞中提取的SOD研究较多，由151个氨基酸残基与1个Cu离子和1个Zn离子组成1个亚基，再由2个相同的亚基组成SOD。这种SOD能够催化超氧自由基（$\cdot O_2^-$）发生歧化反应，可以清除对机体细胞有破坏作用的自由基的防御体系。

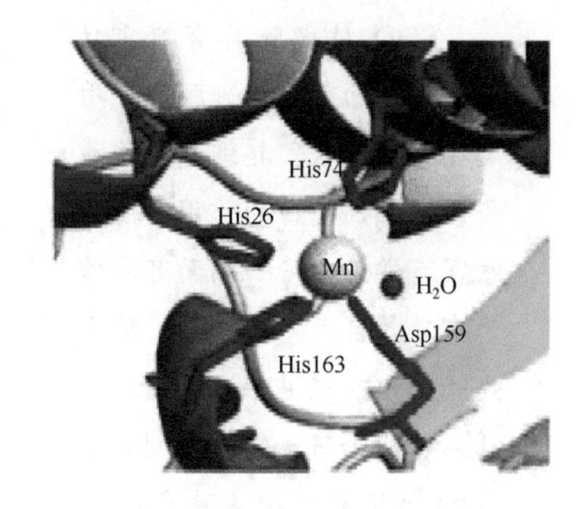

图2-9　Mn-SOD的结构

人体中的超氧自由基是怎么形成的？已知电离、辐射、紫外线和光照都能使体液中的水产生水合电子$e^-(aq)$、$\cdot H$和$\cdot OH$，$e^-(aq)$和O_2反应产生$\cdot O_2^-$。体内一些酶在反应过程也会产生$\cdot O_2^-$，某些物质自身氧化时也会有$\cdot O_2^-$释放出来。一个人每天产生多少$\cdot O_2^-$不清楚，但有实验表明：化学物质致癌时，人体内的超氧自由基含量增加。近年来对自由基与癌的关系开展了较多研究，认为活性氧可使致癌物前体转变为致癌物，也可使磷脂膜上的脂肪酸发生变化，从而触发癌变。$\cdot O_2^-$对人体细胞的毒害是明显的，但人体自身具有一套清除活性氧的防御体系：人体中存在的SOD能催化$\cdot O_2^-$转变为过氧化氢（H_2O_2）和氧（O_2）。尽管反应生成的H_2O_2依然是能够损害有机体的活性氧，但是人体内的过氧化物酶（POD）和过氧化氢酶（CAT）会立即催化H_2O_2分解生成无害的H_2O和O_2。人体中这些酶的存在保护机体免受损伤。

目前，鉴于SOD在体内的作用机理和功效，它已被广泛应用于临床医学、食品工业、日化工业和农业生产。SOD在临床医学上的应用主要有以下几个方面：

资料卡片

SOD与美容

SOD 对皮肤具有双重功效，一方面可以促进胶原蛋白发生适度交联，起到稳定胶原蛋白和弹性蛋白的作用，使皮肤富有弹性；另一方面可以作为有效的自由基清除剂，防止皮肤老化，使皮肤保持光滑。具体功能如下：①消除皱纹，SOD 可协助保护皮肤免受紫外线损伤，消除自由基，阻断弹性蛋白酶产生并抑制其活性，从内部改善皮肤健康；②祛斑，SOD在去除自由基的同时调节内分泌系统，能够有效防止皮肤出现色斑、蝴蝶斑等；③抗紫外线。

（1）抑制心脑血管疾病。SOD 能够清除体内过量的超氧自由基以防止人体过快衰老；可以调节血脂含量，预防由高血脂引起的心脑血管系统疾病和动脉粥样硬化；降低脂质过氧化物的含量[5]。

（2）治疗自身免疫性疾病[6]。利用 SOD 可治疗红斑狼疮、皮肌炎、硬皮病等自身免疫性疾病[7]。

（3）治疗辐射病及辐射保护。利用 SOD 治疗因放疗引起的白细胞减少、膀胱炎、红斑狼疮、皮肌炎等疾病，对可能受到电离、辐射的人员注射 SOD 可起到预防作用[6]。

（4）抗衰老作用。利用 SOD 消除机体和皮肤组织产生的超氧自由基，以防损伤皮肤组织，从而延缓衰老。

（5）防止老年性白内障。在未形成白内障之前，服用抗氧化剂或注射 SOD，可有效防止白内障。

人体中的各种酶在新陈代谢中都起着重要而特殊的作用。人体一旦缺乏某种酶或者酶的活性不高，就会对体内相应的化学反应产生影响，人就会生病。例如，人体缺乏乙醛脱氢酶时，一旦喝酒，就会在体内造成乙醛堆积，令人出现一沾酒就脸红和易醉的现象。

2.2.3 生物氧化反应

1. 氧气的表演

在跟随食物旅行的过程中，还发现一个无形的小伙伴一直跟随着我们，

它就是氧气。氧气一直都在寻找氧载体，才能进行生物氧化反应实现最大利用。有关统计数据表明：人体每天大约需要 8×10^3kJ 的能量来维持生命，这就需要 450L 氧气来氧化摄入的食物。通常情况下，氧气在水中的溶解度很小，溶液浓度为 3×10^{-4}mol · L^{-1}，靠溶解在水中的氧无法满足生物氧化反应对氧气的需求。生物体在长期进化过程中发展了氧载体，氧载体是指氧可以配位在蛋白质所含的过渡金属离子上形成配位键，这种配位反应是可逆的。

在节肢动物和软体动物中，载氧的过渡金属离子是铜，而人体中则是铁。人体内血红蛋白含铁，血红蛋白分子的活性部分是血红素含铁辅基，图 2-10 是血红素含铁（Ⅱ）辅基的平面，铁（Ⅱ）位于辅基中央，可以与其他 6 个配位原子结合，其中 4 个配位氮原子在血红素分子平面上，因此氧分子（O_2）可配位在 Fe（Ⅱ）上形成配位键。血红蛋白具有输送氧气的功能，人们通过呼吸将空气吸到肺部，血红素含铁（Ⅱ）辅基从肺泡中将氧结合在 Fe（Ⅱ）上载走，然后输送给肌红蛋白分子和其他需要氧气的细胞和部位，此时氧分子从 Fe（Ⅱ）上游离出来，与生物有机分子发生生物氧化反应。血红蛋白载氧效率很高，室温下人的每升血液可含氧 $200cm^3$，血液中氧的浓度达 9×10^{-3}mol · L^{-1}，相比之下，血液载氧是水的 30 倍。

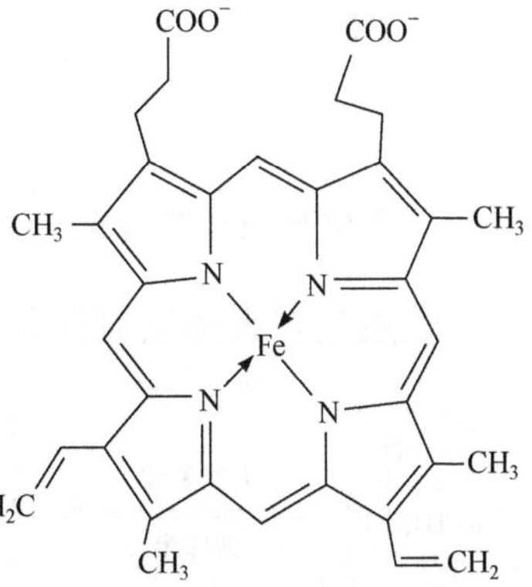

图 2-10　血红素含铁（Ⅱ）辅基

人体中进行的氧化还原反应从本质上讲也有电子得失，如 $Fe^{2+} - e^- \rightleftharpoons Fe^{3+}$。食物中的铁元素大多数以 Fe（Ⅱ）的形式存在，人体摄入的 Fe（Ⅱ）在胃和肠中还原为 Fe（Ⅱ）而被吸收。吸收后的 Fe（Ⅱ）又重新转化为 Fe（Ⅱ）储存起来，再以 Fe（Ⅱ）的形式释放到血浆中。人体对 Fe(Ⅱ) 的吸收效率是 Fe（Ⅱ）的 3 倍多，且无机铁盐与有机铁盐相比更容易被人体吸收。因此，对于缺铁性贫血患者，除了通过摄入富含铁的食物（图 2-11）来补充人体所需要的铁以外，还需要服用一定剂量的含有 Fe（Ⅱ）的补铁剂，如硫酸亚铁等。为了防止补铁剂中的 Fe（Ⅱ）被氧化成 Fe（Ⅱ），往往在服用补铁剂的同时还需要服用一些具有还原性的物质（如维生素 C）或食用富含维生素 C 的果蔬等，这样有利于补铁剂中铁的吸收。生物氧化反应的基本特征是反应物脱氢，脱下的氢再结合氧生成水。下面具体介绍氧化反应中乳酸是如何产生的。

图 2-11　富含铁的食物

2. 氧化反应中乳酸的产生

乳酸是在人体缺氧的条件下由葡萄糖通过糖酵解产生的（图 2-12）。它也可以作为人体细胞内发生糖异生（由非糖类物质转化成葡萄糖）的基础原料。人体饥饿时，乳酸还是补充血糖的一个重要来源。在人体血液中乳酸的正常含量为 50~200mg·L^{-1}，乳酸含量的变化也会影响心肺的正常调节功能。当心肺功能正常时，轻度运动不会引起乳酸含量升高；但剧烈运动时会产生大量的乳酸，引起肌肉无力及肌肉酸痛，影响心肺的调节。

图 2-12　葡萄糖转化为乳酸

2.2.4　配位反应

人体必需的 14 种微量元素进入人体内，一般都是与蛋白质、核酸等生物大分子的配位基 A 结合[8]形成配合物 MA。而体内的微量元素离子在绝大多数情况下以配位状态存在，与它们相互作用的配位体称为生物配位体。常见的生物配位体主要有简单分子（H_2O）和离子（Cl^-）、生物大分子（肽及蛋白质等）。金属离子与生物配位体之间的反应称为配位反应（或络合反应）。例如，卟啉与金属离子 M^{n+} 发生的反应就属于配位反应（图 2-13）。

图 2-13 配位反应

在人体内，原卟啉与亚铁离子反应生成的血红素或血红蛋白在血液中与 O_2 结合生成氧合血红蛋白，起运输氧的作用。

在日常生活中，人们通常利用某些过渡金属离子能够与生物配位体发生配位反应的原理进行重金属解毒。其原理如下：有毒金属 M 进入人体后，先与蛋白质、核酸等生物大分子的配位基团 A 发生配位反应，生成配合物 MA。然后加入解毒剂 L，通过配位平衡移动发生反应 MA + L ═══ A + ML，生成配合物 ML，ML 通过排泄系统排出体外而起到解毒作用。此外，生成的配合物 ML 还可能通过呼吸、长毛发、指甲等途径排出体外（图 2-14）。

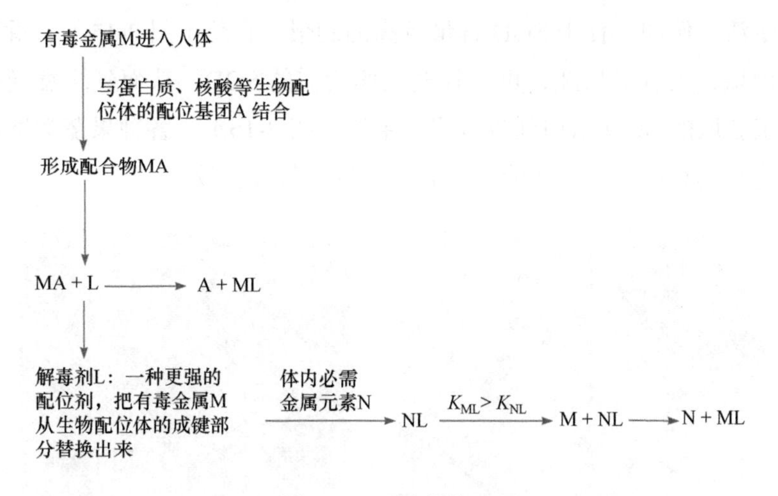

图 2-14 重金属解毒

在重金属中毒后，服用解毒剂后能否快速解毒，与选择的解毒剂性质有关。通常情况下，能够有效解毒的解毒剂应满足下列条件：

（1）必须能够与有毒金属形成稳定的配合物，即配合物具有足够高的稳定常数，且 $K_{ML}>K_{NL}$。否则，加入的解毒剂不但无法解毒，反而会把体内必需元素排出而造成更大的毒害。

（2）解毒剂在水中具有一定的溶解度，能够抗代谢降解，容易通过细胞膜，与有毒金属生成的配合物不会在体内固定或转移并能经肾脏排出等。

（3）解毒剂及其与金属形成的配合物对人体没有毒性（这是解毒剂最基本的要求）。

2.3 深相知·"化"出健康

人体是一个庞大而复杂的工厂，体内时刻发生着复杂而繁多的化学反应，这些反应的发生使人体每天发生着变化，有的有利于人的健康发展，有的则会对人的健康产生负面影响。了解体内各种化学反应的发生条件并正确认识体内存在的各种酶在反应中的作用，能够有效改善人们的健康状况。同时，也可以从动物、植物中提取或通过人工合成人体中存在的某些生物酶来改善人们的生活。例如，食用 SOD 含量较高的刺梨、香蕉（图 2-15）、猕猴桃、菠萝、山楂、大蒜等果蔬，可以补充人体所需的 SOD，从而延缓衰老；也可以将人工获取的 SOD 添加到蛋黄酱、牛奶（图 2-16）、各种果蔬类饮料等食品中，使其具有抗炎、抗疲劳、抗衰老、抗辐射等功效[9]。

图 2-15　富含 SOD 的水果——香蕉

图 2-16　牛奶

在饮食中还要注意，有很多食物不能一起吃。

1. 吃鸡蛋后不要立即吃糖

大多数人都知道鸡蛋跟味精不能放在一起煮。但是你也许不知道，鸡蛋（图2-17）和糖放在一起煮或者吃完鸡蛋后马上吃糖也是不可取的[10]。因为这样会造成鸡蛋白中的氨基酸与糖作用形成一种不易被人体吸收的果糖基赖氨酸结合物，对人体健康产生不良影响。

图 2-17　富含蛋白质的鸡蛋

2. 吃鸡蛋后不要立即吃柿子

吃鸡蛋后食用柿子，轻者会食物中毒，重者则会引起胃结石或急性胃肠炎[10]。通常情况下，鸡蛋与柿子同时食用会引发急性胃肠炎，出现上吐下泻、腹痛等症状（图 2-18）。如果服用时间未超过 2 小时，可以采用催吐的方式。

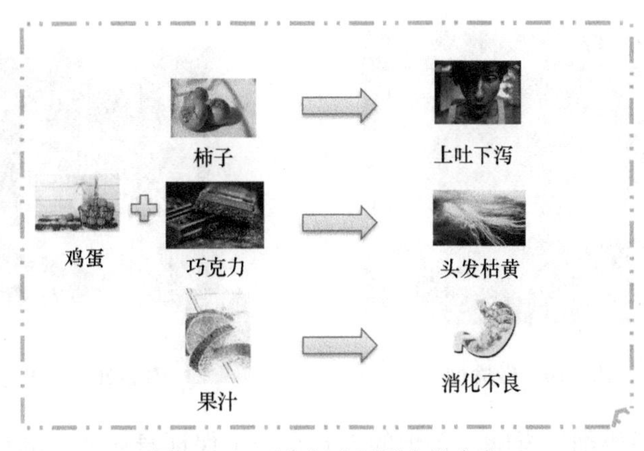

图 2-18　不宜与鸡蛋同食的食物

3. 牛奶与巧克力不应一起食用

牛奶富含钙和蛋白质，而巧克力富含草酸，若二者混在一起吃，牛奶中的钙会与巧克力中的草酸反应生成难溶于水的草酸钙，食用后不但不被吸收，反而会出现头发干枯[11]、腹泻等症状，影响人的生长发育，故二者不宜同食。

4. 牛奶与果汁不应一起食用

牛奶中蛋白质丰富，80%以上为酪蛋白[12]。酪蛋白在 $pH<4.6$ 的酸性环境下会凝集、沉淀，不利于人体消化吸收，故冲调牛奶时不宜加入果汁等酸性饮料[12]。

只有清楚了食物含有的人体所需的有效成分，并进行食品的合理搭配，才能有利于保持身体健康。

此外，良好的生活习惯也会让我们受益匪浅，下面介绍一些常见的良好生活习惯。

（1）早睡早起。养成良好的生活习惯要从早晨做起，正所谓“一日之计在于晨”。起床之后可以进行体育锻炼，如慢跑、做瑜伽（图 2-19）等。想要早起，就必须不熬夜，熬夜对人体有很大伤害，并且会影响第二天的精神状况。

（2）早起一杯温水。早上起床的时候，身体各项免疫系统开启。此时，需要适当补充一些水分（图 2-20），既可以补充夜间流失的水分，保证身体摄水量的均衡，也可以达到排毒促进消化的效果。

图 2-19　做瑜伽

图 2-20　白开水

（3）进餐要细嚼慢咽。每天的三餐是为了保证身体能量的摄入，但是在

进食过程中一定要保持较慢的速度，特别是早餐。因为此时人的身体机能刚刚被唤醒，消化系统还处于缓慢适应过程，一次性进食过多或者吃得太快，都会使消化系统产生较大压力，不利于消化系统的正常运转。

（4）少吃零食，正规饮食。现代社会，很多人喜欢吃零食。但是，吃零食会对胃产生一定的损伤，因为不断地进食会加重胃的负担。因此，人们需要保证正规饮食，膳食均衡（图 2-21）。

图 2-21　膳食均衡

学习以上知识后，感觉化学反应与人体联系紧密。要想身体健康，不但要了解自己的身体，知道体内发生的各种化学反应，还要保持良好的饮食习惯与生活习惯，才能有利于我们高效学习、高效工作。

参考文献

[1] 甘肃宇洋生物科技有限公司 . 一种马铃薯脱醇发酵液生产液体生物肥料的方法：中国，CN200910117584.X[P]. 2010-06-02.

[2] 许志鹏 . 钯催化下 sp^2 碳的导向氧化偶联反应 [D]. 南京：南京师范大学，2013.

[3] 马燕燕 . 柿叶黄酮抑制酪氨酸酶活性的研究 [D]. 天津：天津商业大学，2011.

[4] 辉瑞大药厂，默沙东公司 . 用于治疗癌症的 PD-1 拮抗剂和 VEGFR 抑制剂的组合：中国，CN201580007146.1[P]. 2015-02-01.

[5] 商蓉郁 . 低矿物质水对高脂血症及精氨酸酶影响的实验研究 [D]. 重庆：第三军医大学，2011.

[6] 董萍，丁克祥 . 一种可直接皮肤外用的聚乙二醇化超氧化物歧化酶 (mPEG-SOD) 纳米乳及其制备方法：中国，CN201010265116.X[P]. 2011-01-19.

[7] 陈小红 . 食物不耐受轮替治疗对过敏性紫癜疗效观察及机制探讨 [D]. 泸州：泸州医学院，2012.

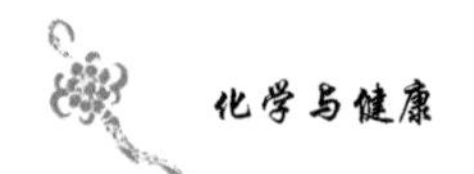

[8] 张莉 . 磁分离酶联免疫分析方法在日本血吸虫病诊断中的应用 [D]. 武汉：华中科技大学，2011.

[9] 高超，贾丹兵，李乃民，等 . 疲劳产生的原因机理浅析 [C]. 第四次全国中西医结合诊断学术研讨会论文集，2010：150-152.

[10] 四大食物跟鸡蛋同吃危害健康 [J]. 黑龙江科学，2013，(12)：298.

[11] 李胜利 . 食品中的化学 [C]. 第十届全国大学化学教学研讨会论文集 . 银川：第十届全国大学化学教学研讨会，2009.

[12] 谢雪芳 . 谨防食物“撞车”现象 [J]. 农村百事通，2007，(12)：59.

图片来源

图 2-1、图 2-3、图 2-4、图 2-11、图 2-15、图 2-17~ 图 2-21　https：//pixabay.com

3 那些你不知道的“化学平衡”

3.1 初相遇·境中问“化”

有人认为水垢是水中的有害物质，它们沉在锅底、水壶底，相当顽固，一不小心还会喝到肚子里，满口吃土的涩感。有人担心喝这样的水是否容易导致肾结石？更严重的是，这些水垢在工业锅炉中存在，有可能造成锅炉爆炸的事故。但也有人认为这是一个天大的误会，有水垢的水才是好水，这种水质偏硬，富含对人体有益的矿物质，是碱性水，能中和酸性体质；而没有水垢的水是酸性水，是会带走人体骨钙和血钙的“刮骨水”，令人不寒而栗。到底孰是孰非？是眼不见为净？ 还是将净水进行到底？

3.2 慢相识·“化”园寻理

3.2.1 人体酸碱平衡

刚饮下的酸碱性水是否真能影响身体的酸碱性？这要从人体的酸碱平衡

说起。首先，我们需要了解人体正常情况下相对稳定的酸碱度，即 pH。人体内的酸碱度并不均匀，不同部位 pH 差别较大，如图 3-1 所示。

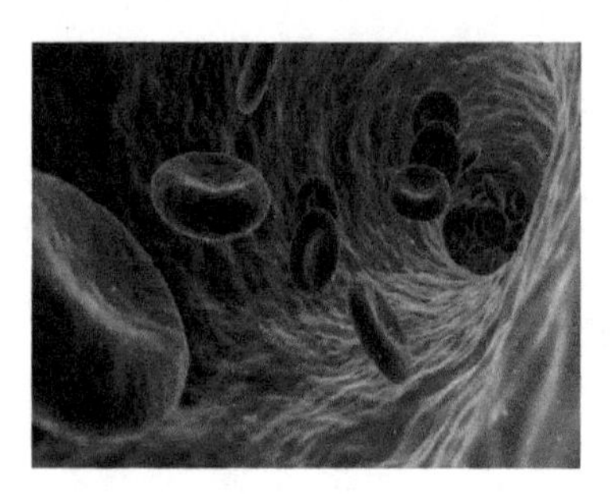

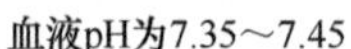

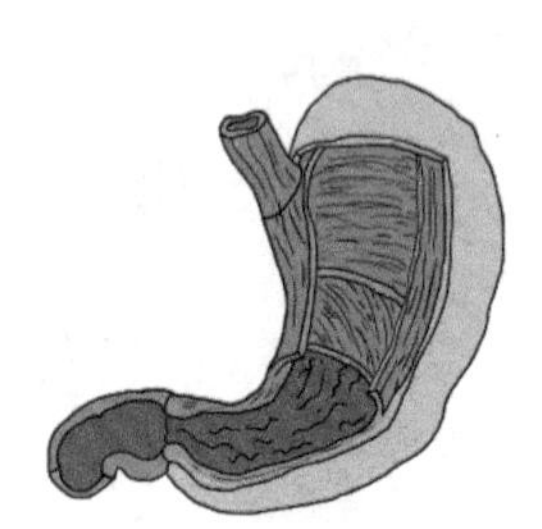

图 3-1　血液和胃液的正常 pH 范围

我们要相信，人体并没那么弱！喝几口弱酸或弱碱性的水并无大碍。因为人体有像弹簧一样富有弹性的“卫士”——酸碱缓冲体系（表 3-1），对外来的酸碱刺激具有一定的缓冲作用，哪里有需要哪里就有它们的身影，它们时刻守护着人体的酸碱平衡。

表 3-1　人体内的主要酸碱缓冲体系

系统	解离作用	pK_a
碳酸氢盐	$H_2CO_3 \rightleftharpoons H^+ + HCO_3^-$	6.1
磷酸盐	$H_2PO_4^- \rightleftharpoons H^+ + HPO_4^{2-}$	7.2
蛋白质	$HPr \rightleftharpoons H^+ + Pr^-$	7.4

其中，$NaHCO_3$-H_2CO_3 缓冲对在血液中的浓度最高，缓冲能力最强，对维持血液中 pH 的稳定起到较重要的作用。

人体体液的酸碱平衡是一个开放的平衡体系，在血液、肺、肾脏、组织细胞等中都发挥着重要的调节作用。因此，体液中酸碱平衡的调节具有四种不同的机制。一是血液中的缓冲体系，它是控制酸碱平衡的第一道防线。二是通过肺来调节血液中 H_2CO_3 的浓度进而调节血液的 pH，即呼吸调节。它只对 CO_2 调节有效，在数分钟内即可达到高峰，作用强大。三是通过肾脏排出代谢产生的多余的固定酸（如硫酸、磷酸、尿酸、酮酸等），如图 3-2 所示，

以调节血浆中 $NaHCO_3$ 的含量，保持血液正常的 pH。当血液中 $NaHCO_3$ 含量偏低时，它会重吸收 $NaHCO_3$，以恢复血液中 $NaHCO_3$ 的正常含量（图 3-3）。四是组织细胞通过离子交换实现酸碱平衡的调节。

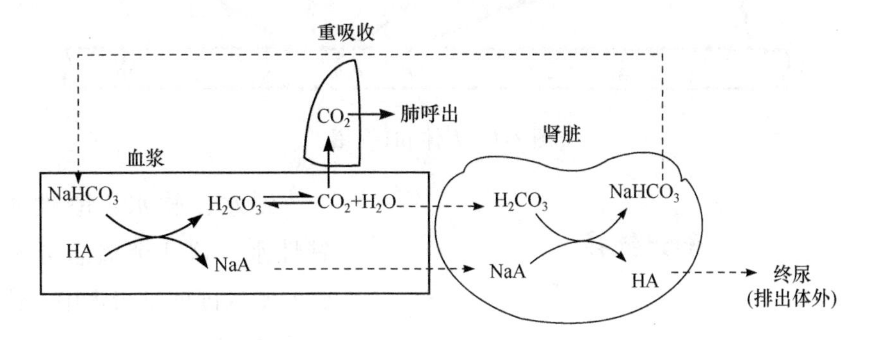

图 3-2　人体调节固定酸的方式

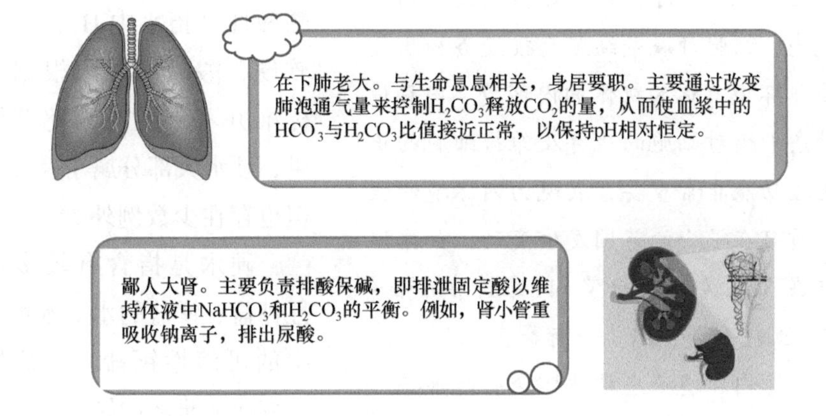

图 3-3　两大酸碱调节器官的自我介绍

人体血液的 pH 只在一个很小的范围内波动，血液中含有的磷酸盐、碳酸氢盐、血浆蛋白、血红蛋白[1]和氧合血红蛋白等几大缓冲体系保证了物质不断进入血液又排出血液的动态平衡，血液的 pH 保持在 7.35~7.45，因此人体是"酸性体质"其实是一个伪概念（图 3-4）。事实上，碱性水质根本不可能影响正常人血液的酸碱度，就算喝下酸性的水，也不会直接让血液变酸。市面上畅销的无糖无汽的苏打水也并不像宣传的那样具有"符合人体的碱性体质，改善酸性体质、有利人体酸碱平衡"的功能。

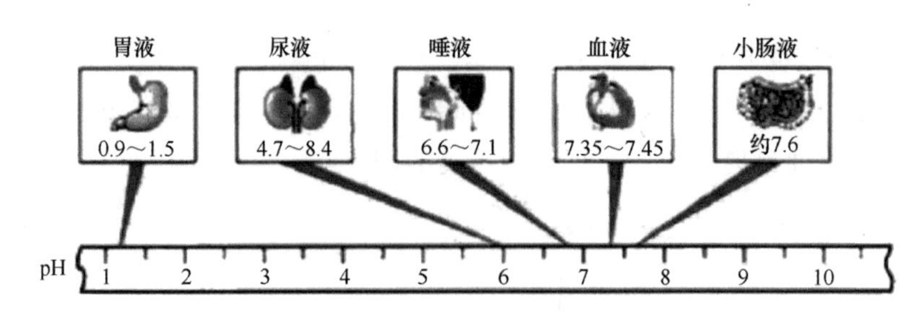

图 3-4　人体 pH 介绍

知识链接

正常情况下人体的酸碱性能维持平衡，无需忧虑，除此以外还必须谈到内环境稳态。细胞外液是细胞直接浸浴和生存的液体环境，称为机体的内环境。内环境的动态平衡对细胞的生存及维持细胞的正常生理功能非常重要，表现为内环境的理化性质只在很小的范围发生变动，如体温维持在 37℃左右、血浆 pH 维持在7.35～7.45、血糖平衡、水盐平衡等。

人体内环境稳态被破坏会引起疾病。温度、酸碱度等偏高或偏低会影响酶的活性，使细胞代谢紊乱。营养不良、炎症等会引起组织水肿。大量出汗时，体液过多丢失，会引起乏力、低血压、心率加快、四肢发冷等。尿素、无机盐等代谢废物在体内积累过多会导致尿毒症。血液中Ca、P的含量降低会导致成年人骨骼软化。血液中甘油三酯超标，导致高血脂。

硬水、软水、酸性水、碱性水，这几个概念分不清楚？水的硬度是指水中 Ca^{2+}、Mg^{2+} 和其他金属（除碱金属外）离子的总浓度，而水的酸碱性是指水中 H^{+} 的浓度。软硬、酸碱的界限根据不同标准并不一致。因此严格地讲，硬水大部分属于碱性水，但也存在少数例外。

硬水是指含有较多可溶性钙盐、镁盐的水。水垢即水中的可溶性钙盐、镁盐加热后变成的难溶的钙、镁盐。镁、钙元素是人体必需的元素。当水中的钙、镁离子浓度不大时，饮用该硬水不会导致结石。但长期饮用硬水也会对人体健康造成极大影响 [2]，如饮用水的硬度过高，不仅会影响血液流通，还会使肾结石发病率升高；我国北方地区饮用硬度高的地下水，久

居南方的人初到北方，饮用硬水会感到肠胃不适，出现"水土不服"的现象。用硬水烹饪蔬菜、鱼、肉，则菜肴不易煮熟，从而破坏或降低食物的营养价值；用硬水沏茶会影响茶水的色、香、味；用硬水制作豆腐不仅产量低，还会影响豆腐的营养成分等[3]。

长期饮用软水，则会降低人体内各种酶的生物活性，增加心血管疾病的风险，影响儿童的生长发育[4]。长期饮用缺镁的软水，还会引起神经功能异常和蛋白质合成障碍，出现震颤、共济失调、心肌损伤、血管硬化等病症[5]。因此，饮用水的硬度也并非越低越好。

生活之道

近年来，有关激素的报道屡见不鲜，矛头一度指向瘦肉精催肥的猪、打激素的"速生鸡"、奶粉中的添加剂、动物内脏、炸鸡、薯条、奶油蛋糕等。事实上，瘦肉精在我国是禁用的；速生是良种选育与科学饲喂的结果，央视曝光的速生鸡问题源于滥用抗生素，而不是激素造成的；而添加剂的使用是经过检查、批准的。要理智对待不靠谱的建议，如不要吃鸡肉、不要吃反季节蔬菜、素食主义等，减少不必要的担心、注重日常饮食营养均衡更重要。

3.2.2　人体激素平衡

一说"激素"，很多人"谈虎色变"，大众对激素的印象多是"吃激素会发胖""吃激素会性早熟""激素类化妆品刺激皮肤长痘"等。

激素，也称"荷尔蒙"，是一种由内分泌腺制造、在人体各器官之间传递信息的高效生物活性物质，对有机体的生长、发育、生殖、新陈代谢等起协调和控制作用。无论是哪种类型的激素，都不可能在体内发动新的新陈代谢，也不会直接参与能量转换或物质转换，只是间接（或直接）地促进（或抑制）有机体内原有的代谢过程（图 3-5）。激素按化学结构分为四大类型：第一类是脂肪酸衍生物激素，如前列腺素；第二类是类固醇激素[6]，按药理作用分为性激素（包括孕激素、雌激素、雄激素）和肾上腺皮质激素（包括糖皮质激素和盐皮质激素）；第三类是氨基酸衍生物激素，如松果体激素、肾上腺髓质激素、甲状腺激素等；第四类是多肽与蛋白质激素，如垂体激素、下丘脑激素、降钙素、胃肠激素等[7]。

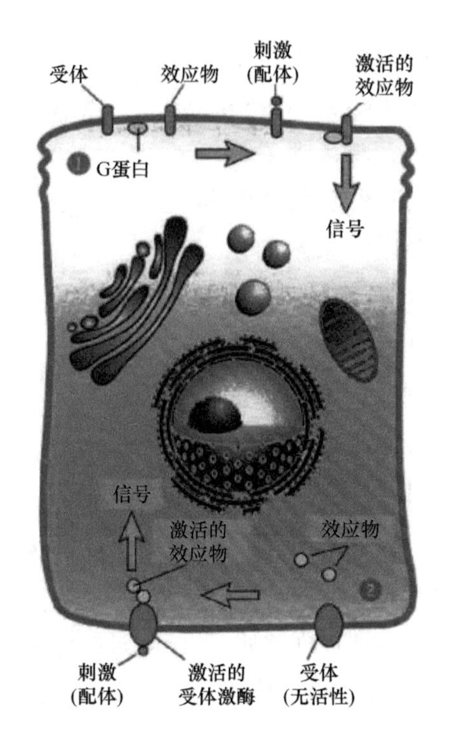

图 3-5　受体作用模式

激素虽然在体内含量较少，但它对人体健康的影响却相当大。激素平衡是指人体内激素的量维持在相对稳定的水平，对人体生命活动的调节起着积极的辅助作用，平衡一旦被破坏，会造成内分泌失调，并引发相应病症。例如，生长激素分泌过少会导致侏儒症，过多则会导致巨人症；甲状腺激素分泌太少会出现肥胖、嗜睡等症状，过多则会引发手汗、心悸等；胰岛素分泌不足常导致血糖升高[8]，一旦超过肾糖阈就会患上糖尿病。许多激素制剂和人工合成药物在医学、畜牧业上都有重要应用。目前利用遗传工程使细菌产生的胰岛素、生长激素等已经成为治疗糖尿病、侏儒症等病症的良药。

激素平衡的影响因素众多，有先天遗传因素如遗传性糖尿病、体毛旺盛，也与熬夜疲劳、过量摄入高糖高脂食品等生活习惯及冲动易怒等性格因素有关。因此，内分泌失调需要一步一步地调理，必要时及时就医。

3.2.3 人体水平衡

相较于酸碱平衡和激素平衡，水平衡是人体内最大的平衡。婴儿的皮肤娇嫩，仿佛能掐出水，成年人体内的含水量也高达人体体重的65%左右。水在体内具有促进体液循环、传送养分、保持呼吸功能、维持正常体温、润滑关节、帮助消化、排泄废弃物等重要功能。水不但是体内物质运输的媒介，还直接参与生物大分子结构组成，生物大分子与水协同完成人体内的能量代谢、物质代谢及信息代谢[9]。水是生命之源，健康之本。

生活之道

你是油性皮肤还是干性皮肤？夏天呼呼冒油而冬天却干燥脱屑的你会不会摸不准？其实，油性和干性并不是对立的概念。皮肤油腻是皮脂腺分泌的过多的油脂在皮肤表面形成一层油膜，而干性皮肤是角质层的含水量不足造成的，即可能存在同时内油外干的肤质。因此，皮肤的“水油平衡”要区别对待。对于内油外干性皮肤，需要在适度清洁油脂的同时，使用质地清爽的保湿产品修护角质层屏障。但过度使用会破坏皮肤角质层，使肌肤过于干燥，破坏面部肌肤平衡。因此，需要改掉不良的护肤习惯，剩下的，就交给时间。

生活之道

科学饮水，不做“水盲”

《中国居民膳食营养素参考摄入量》建议，我国居民每日应饮水1.5~1.7L，以保证人体健康的生理所需。大量出汗者，发烧、呕吐、腹泻导致的脱水者，长时间身处空调、暖气房者等，都应适当增加饮水量。要养成“少量多次，小口慢饮”的饮水习惯，并且水的种类以白开水和矿泉水为最佳。

人通过饮食获得水分，通过排尿排便、肺的呼吸和皮肤挥发等失去水分。在神经—体液—内分泌网络的调节下[10]，水的摄入量和排出量始终保持动态平衡[11]，使人体内水的含量保持相对恒定，人体内的水处于相对平衡的状态。

正常人每天的摄水量应为3000mL左右。当饮水不足、失水过多或食物过咸时，细胞外液的渗透压升高，下丘脑中的渗透压感受器接收到信息后，以神经调节和体液调节两种方式对水进行“开源节流”。一是使大脑皮层产生渴觉，人便主动饮水“开源”；二是使下丘脑神经细胞合成并分泌抗利尿激素，由垂体后叶释放，肾小管、集合管便重吸收尿液中的水，减少尿量进行“节流”，具体流程如图3-6所示。

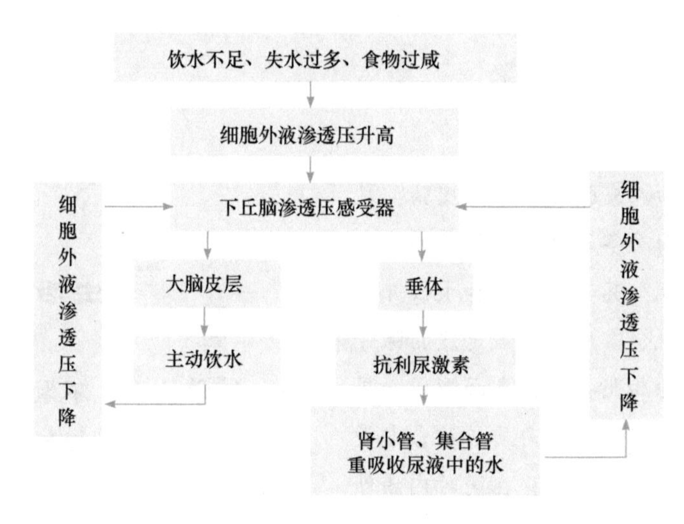

图3-6 人体水平衡调节示意图

3.3 深相知·“化”出健康

如果不被强烈刺激或恶意破坏，人体的平衡状况一般表现为良好。但有些化学平衡却总是隔三差五地被打扰，如胃中的“漏网之鱼”——幽门螺杆菌对胃酸平衡的破坏。

3.3.1 胃酸中的“漏网之鱼”

胃不舒服、胃酸、胃痛、胃胀已成为常见病。胃液是 pH 为 0.9~1.5 的酸性液体，绝大部分细菌都无法生存。幽门螺杆菌（Hp）几乎是唯一能够突破这一天然屏障的“漏网之鱼”，会导致胃溃疡、胃炎、胃癌等疾病。

正常的肠道菌群能够分泌抑制 Hp 的类细菌素，当人体胃黏膜免疫屏障受到损伤时，Hp 利用它的螺旋状结构，借助细菌体一侧的鞭毛提供动力穿过胃黏膜，寄生在胃黏膜上皮相对中性的环境中。在胃黏膜上，通过黏附素结合上皮细胞，以避免随着食物一道被胃排出；分泌的过氧化物歧化酶和过氧化氢酶能够保护 Hp 不被中性粒细胞所杀伤 [12]；分泌的尿素酶促使尿素发生水解生成氨，使菌体被“氨云”覆盖，从而避免菌体遭受胃酸的灭杀。

Hp 开始作用会导致胃酸过多，出现泛酸、嗳气、腹胀腹痛、烧心等 [13]。Hp 感染也是造成顽固性口臭的根本原因，因为它可在牙菌斑中生存，产生有臭味的碳化物，不管怎样清洁都无法根除。胃炎、胃溃疡、胃癌，严重程度逐步加深，所幸胃不舒服时人们都很敏感，要早发现早治疗。

Hp 感染的检测方法很多，如尿素呼气试验、快速尿素酶试验法（RUT 法）、W. S 硝酸银染色法 [14]、硼酸美蓝（BAMB）染色法、经胃镜活检、血清学试验、Hp 的分离培养及聚合酶链反应等。不同医院检测 Hp 感染的方法可能不同，但绝大多数医院一般会采用具有特异性、快速，甚至无创伤的检测方法。如果感觉到胃部不适，应尽快到医院检测是否感染 Hp，及时用药，及早清除 Hp，以防发展成为更严重的胃癌。

Hp 感染是能够通过药物治愈的，临床上治愈 Hp 感染的理想方案就是根除 Hp，并降低慢性胃炎、消化性溃疡等的复发率 [15]。治疗方案中常用的药物有抗生素、抑酸剂，另外以菌治菌的方法很受欢迎，主要原理是通过益生菌来抑制、根除体内的 Hp，达到缓解胃部问题、养胃护胃的作用。除了用药，还要做到以下几点：尽量食用一些能够抑制胃酸分泌的食物，不喝酸奶喝牛奶，饮食尽量做到少食多餐，尽量减少食用水果，科学合理地增大运动量等。

Hp 具有很强的传染性，聚餐时最好实行分餐制或使用公筷，注意饮食规律、少食多餐，养成良好的卫生习惯。

3.3.2 内环境与运动饮料

运动饮料（图 3-7）作为运动“必备”单品，逐渐获得人们的青睐，其宣传的缓解疲劳，补充能量、矿物质、维生素，电解质、酸碱平衡等字眼，令人眼花缭乱。并且其价格并不便宜，大多是普通饮料的两倍甚至更多。这背后有何奥秘？

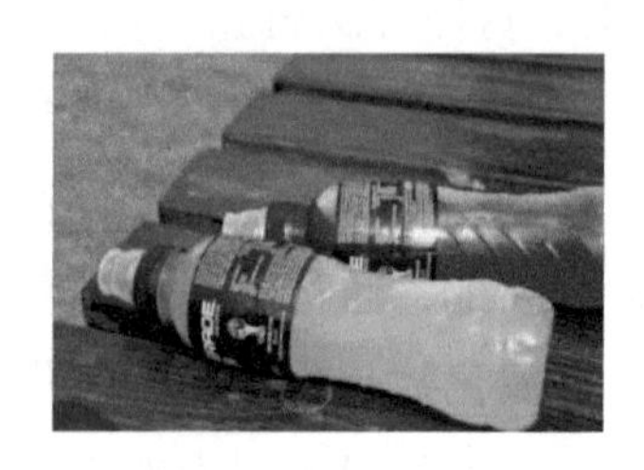

图 3-7 运动饮料

运动饮料成功地撼动了人们长期以来对“口渴”的认识：口渴是发现与应对脱水的体内平衡机制。但对于运动饮料，这种说法并不完全准确可靠，依赖口渴的感觉难以弥补丢失的体液，即“体渴”。

运动饮料的主要成分包括水、糖（单糖、低聚糖等）、维生素、蛋白质、氨基酸和肽、着色剂、甜味剂、防腐剂，以及含 Na^+、K^+ 的矿物质等。用运动饮料补充训练或比赛后的能量或电解质损耗不是必需的，也可以吃能量棒、糖块、香蕉等。研究还发现，低钠血症即使在充足地补充运动饮料后也会发生。现在，非运动员已经成为运动饮料的最大消费群体，很多不怎么运动的人都将喝运动饮料视为一种健康的生活方式。事实上，正如欧洲食品安全局所声明的：“含有碳水化合物的运动饮料只适合用于那些经常进行高强度运动的体力运动员。”[16] 很明显，运动饮料不应被当成健康饮料大量饮用。

3.3.3 补钙大计与元素平衡

各种补钙、补铁、补锌、补硒等产品活跃于保健市场。补钙的好处人尽皆知，补钙产品的市场也繁荣起来。补钙产品的形式多样，不仅有以固态形式存在的乳酸钙、磷酸钙、葡萄糖酸钙、柠檬酸钙及碳酸钙 [17] 等，也有添加了维生素 A 或维生素 D 的液体钙。

高钙奶就是含钙量比普通牛奶更高的牛奶。事实上，它还有一个更为专业的名称：钙强化奶。其实，高钙奶高得有限制。向牛奶里添加大量的钙不仅是一项高难度的技术 [18]，而且弄不好还会破坏牛奶中蛋白质体系的稳定性，并影响口感。这就像坐车，每个位置都与 Ca^{2+} 一一对应，每个 Ca^{2+} 都按照一

定规则安稳地坐在相应的位置上；如果突然上来其他的 Ca^{2+}，那么有的 Ca^{2+} 就没有位置了。在牛奶中含量相对较高的酪蛋白对 Ca^{2+} “情有独钟”。一旦引入钙剂，将导致牛奶乳状界面的酪蛋白与之产生桥连而发生絮凝，造成沉淀或乳析等问题。这也是高钙奶会随存放时间的延长而沉淀量增加的原因。

牛奶本身就属于高钙型食物。通常情况下，牛奶的含钙量约为 1mg/mL。其中 1/3 的游离态钙能够被直接吸收；余下 2/3 的钙与酪蛋白结合，并随钙的消化吸收而被逐渐释放出来，吸收率也很好。人为给牛奶“补钙”量不大，增加的这点“钙”量相较于牛奶本身只是小巫见大巫，还不如坚持长期喝牛奶。加上绿叶蔬菜、豆腐等高钙食物，就足以满足人体需要，完全不必刻意购买高钙奶。

指甲白斑与缺钙的真相

小时候，指甲上经常出现小白点，但细心的妈妈以小见大，通常给孩子吃钙片和驱虫药。其实，这些小白点和淤青一样，只不过是指甲受损，如被门夹了、被折了。小孩最喜欢咬指甲，也就更容易长出小白点。

有研究说一部分白甲症可能与缺锌有关，但任何研究都表明它同缺钙和肚子里有虫都没有直接关系。

参考文献

[1] 吴家斌，洪富源，杨国凯，等 . 尿蛋白 / 尿肌酐比值评估 IgA 肾病病情变化的意义 [J]. 湖南师范大学学报（医学版），2017，14(4)：58-61.

[2] 重庆诺雷农业开发有限公司 . 一种离子交换法制软水装置：中国，CN201510869831.7 [P]. 2017-06-09.

[3] 沈尔安 . 巧除硬水保安康 [J]. 东方药膳，2017，5：10.

[4] 邹胜章，朱丹尼，周长松，等 . 健康饮用岩溶水 [J]. 中国矿业，2018，27(Z2)：290-292，296.

[5] 王玉霞，朱伟杰 . 环境有害因素对胎儿发育的损伤 [J]. 生殖与避孕，2012，32(12)：837-843.

[6] 刘毅，李惠良 . 人体激素与色素沉着研究进展 [J]. 北京日化，2007，3：1-4.

[7] 人民教育出版社，课程教材研究所，生物课程教材研究开发中心 . 普通高中课程标准实验教科书・生物 (必修 3)[M] .2 版 . 北京：人民教育出版社，2007.

[8] 景斐，郑冬梅，管庆波，等 . 肠促胰素类药物在 2 型糖尿病治疗中的作用与评价 [C]. 中国药品评价高峰论坛论文集，2014：32-35.

[9] 陈荣河 . 高偏硅酸天然矿泉水的生物学效应研究 [D]. 福州：福建医科大学，2016.

[10] 韩容，赵志刚 . 选择性血管加压素 V2 受体拮抗剂托伐普坦的临床应用进展及评价 [J]. 药品评价，2016，13(20)：8-14.

[11] 曹锡琴 . 科学饮好人体的生命之源 [J]. 东方食疗与保健，2010，7：54-55.

[12] 李斯桃，李雄，周文辉 . 阿莫西林与克拉霉素三联治疗幽门螺杆菌的疗效比较 [J]. 临床医学工程，2015，22(6)：739-740.

[13] 李效宇 . 雷贝拉唑治疗 Hp 阳性活动期胃溃疡的临床及组织学质量研究和实践 [J]. 中国继续医学教育，2015，(12)：121-122.

[14] 姚晓燕，毛建英，嵇学仙 . 幽门螺旋杆菌感染 4 种检测方法的评价 [J]. 现代实用医学，2010，22(10)：1123-1124.

[15] 刘春芳，殷慧文 . 综合护理干预对慢性胃炎及消化性溃疡患者的生活质量影响 [J]. 母婴世界，2017，(13)：147.

[16] 阮光锋 . 运动饮料适合普通人吗 [J]. 生活与健康，2015，7：18-19.

[17] 梁英红 . 新型夹心糖的研制 [J]. 食品工业科技，2001，6：64-65.

[18] 郑金美 . 高钙奶中的钙含量究竟有多高 [J]. 中国保健食品，2016，7：24.

图片来源

封面图、图 3-1、图 3-3、图 3-7　https：//pixabay.com

图 3-2　陈邦进 . 酸碱平衡与人体健康 [J]. 化学教育，2013，34(3)：1-3.

图 3-4　http：//www.mianfeiwendang.com/doc/20d2a10a4a0c6efc03452815/2

图 3-5　红岩 . 全力呵护身体的第一信使——激素 [J]. 工会博览，2020，27：57-59.

第二篇

食品添加剂和饮料

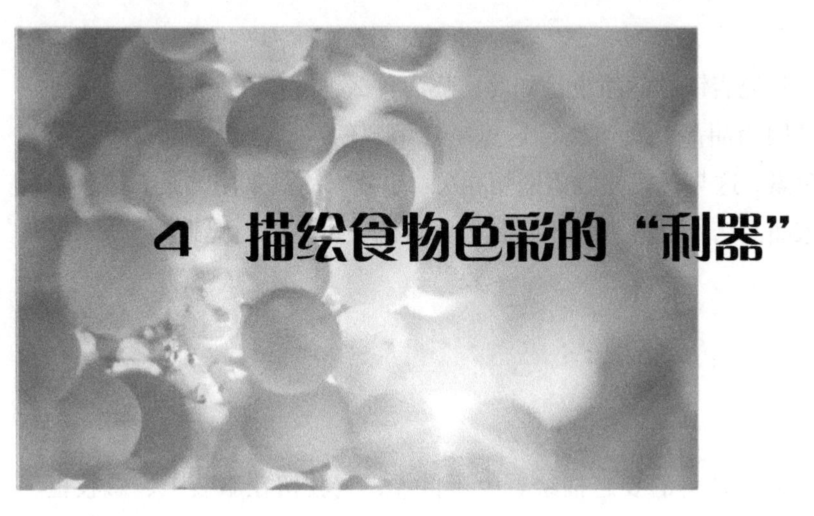

4 描绘食物色彩的“利器”

4.1 初相遇·境中问“化”

慵懒的午后，洪洪和小亮约好去小森甜品店吃甜品（图4-1）。香浓细滑的巧克力加上多色冰淇淋，配上酥脆的甜筒，夹着怡人的奶油和新鲜的水果，口感丰富，层次鲜明，唇齿留香。

洪洪：“你为什么喜欢吃甜品？”

小亮：“当甜品触及舌尖，甜蜜的信号会在0.5ms内抵达脑部中枢神经，多巴胺瞬间分泌，产生‘愉悦感’，与此同时，糖分在身体中被分解，产生能量，涌进血液。甜品独特的魔力和魅力，就来自身与心的双重快感。那你呢？”

图4-1　甜品

洪洪：“除此之外，还因为甜品通常做得特别精致漂亮。”

小亮：“其他店铺的甜品也是如此，你为什么钟爱这一家呢？”

洪洪：“因为甜品色彩丰富，这里需要用到色素。色素主要有天然色素和人工合成色素，这与我们的健康密切相关。小森家甜品采用的是天然色素，所以我对这家甜品店情有独钟，不仅是因为口感，也是因为健康。”

4.2 慢相识·“化”园寻理

色彩总在以一种美的姿态描绘着大千世界，它驻留在服装上、彩妆里、建筑中，轻轻地附着在人们身边的各类物品里；它在大自然中翩翩起舞，染红了花、生绿了草；当然，它也飞舞到了食物中，让食物变得诱人。总之，因为有了色彩，整个世界变得具有美感。

下面来谈谈食物中的“色彩”。有关专家做过一个研究，即食品颜色给人的第一印象是视觉上的，然后通过颜色对大脑的刺激，激发人们对这种颜色的记忆，最终形成对某种食品的综合评价。该研究做了以下关于食品颜色和感官印象的调查，见图 4-2。

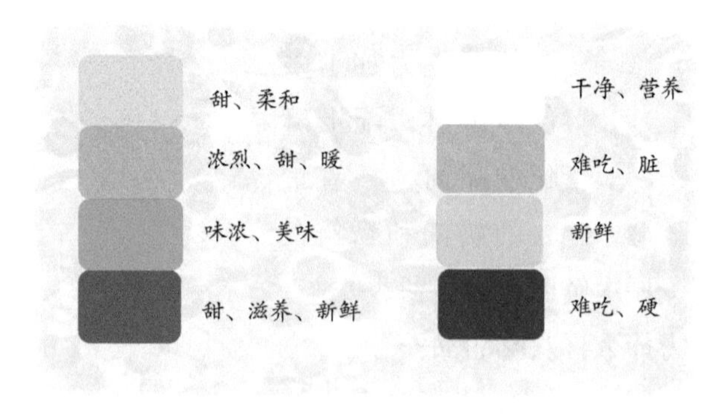

图 4-2　食品颜色与感官印象

4.2.1　食物诱人的秘密

人的心理和食感具有非常微妙和复杂的关系，即使味道很好的食品，如果色泽不正，也往往让人感到索然无味或难以下咽。

食物的色泽不仅能从视觉上影响人，而且还促使人们对食品品种、品质优劣、新鲜与否产生联想。但是食品在加工过程中伴随有褪色或变色的现象。为了满足人们对食物色泽的需求，食品加工者会使用一种添加剂，也就是色素，它就是使食物变得诱人的秘密。

4.2.2 食用色素的历史

在食品中添加色素的历史最早可以追溯到古埃及（图 4-3），大约在公元

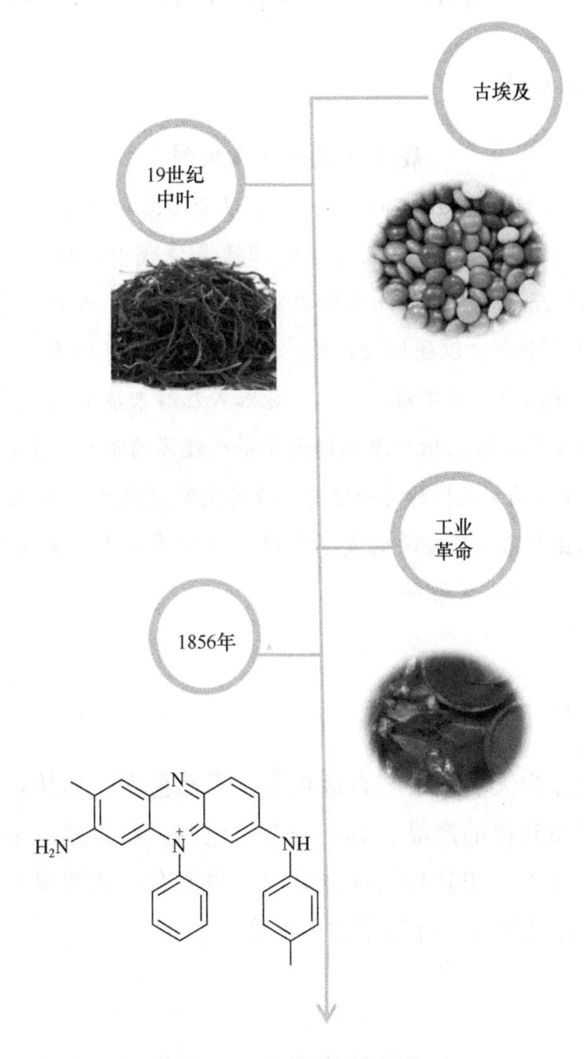

图 4-3 色素发展的历史

前1500年，当地的糖果制造商就利用天然提取物和葡萄酒来改善糖果的色泽。

到了19世纪中叶，人们把一种叫藏红花的香料添加到某些食物中起装饰作用。

工业革命期间，食品工业得到迅速发展。矿物质和金属化合物也被作为着色剂来掩盖劣质和掺假的食物，更可怕的例子还有：Pb_3O_4 和 HgS 用作奶酪和糖果的着色剂，泡过的茶叶可以用砷酸盐再着色，然后在市场上再次售卖。1860年，用于制作甜点的色素引起两次死亡事件。一些有毒化学物质也曾经被用作糖果和泡菜的着色剂。1856年，珀金合成了第一个合成色素苯胺紫。

资料卡片

最早的人工合成染料

图4-4　珀金

人工合成染料可追溯到1856年。一天，珀金（图4-4）把强氧化剂重铬酸钾加入苯胺的硫酸盐中，结果烧瓶中出现了一种沥青状的黑色残渣，他知道这次实验又失败了！珀金只好把烧瓶清洗干净，以便继续试验。考虑到这种焦黑状物质肯定是一种有机物，多半难溶于水，他加入乙醇来清洗烧瓶。将乙醇加入烧瓶后，珀金忽然睁大了早已疲倦的眼睛：黑色物质被乙醇溶解成了美丽夺目的紫色！作为一位有经验的化学研究生，他立即意识到这个意外的现象会带来一项重要的发明创造。这就是后来被称为苯胺紫的溶液，也是最早的人工合成染料。

4.2.3　天然色素

色素按来源分为天然色素与合成色素。天然色素是指从自然界生物体中提取并经过精制而获得的产品，具有安全、色调色彩自然、来源相对丰富及对环境无污染等优点。按其功效成分分类，主要有：类胡萝卜素类色素、黄酮类色素、花青苷类色素、叶绿素类色素等。

1. 特点

天然色素的产生并非为了人类的需要，而是生物体生长、代谢等过程的

结果，因此具有某些与生物学相关的特性[1]，从而使天然色素具有合成色素所无法比拟的优越性，其主要特点有：

（1）绝大多数天然色素无毒、副作用小（一般经动物急性毒理实验验证），安全性高，对人体的危害较小。

（2）很多食用天然色素含有人体所必需的营养物质，对人体的某些疾病具有预防、治疗等药理作用和保健功能。

（3）天然色素的着色色调比较自然，更接近天然物质的颜色，但着色力较差，染色不易均匀。

（4）大部分天然色素对光、热、氧、金属离子、pH 等很敏感，稳定性较差。例如，花青素在酸性时呈红色，中性时呈紫色，碱性时呈蓝色。

（5）天然色素种类繁多、性质复杂，但就一种天然色素而言，应用时专一性较强，范围狭窄[2]。

2. 来源

天然色素主要来源于自然界中的矿物、植物、动物和微生物，但研究和应用最多的是植物天然色素，所涉及的植物种类包括众多科属（图 4-5）。据不完全统计，曾报道的被研究和开发的天然色素资源植物已有 30 多种，如红甜菜（紫菜头）、红心萝卜、紫甘蓝、红辣椒、胡萝卜、菠菜、紫苏、山楂、酸枣、沙棘、桑葚、醋栗、火棘、黑豆、黑米、苎麻、紫草、菠萝、红花、黄菊花、越橘、栀子、玫瑰茄、一串红、蓝靛果、红蓝、鸡冠花、红木、乌饭树、云南石梓、螺旋藻等。

图 4-5　天然植物色素的来源

3. 应用

目前已广泛开展以农副产品为原料生产色素的生产活动，其中高粱壳、花生内皮、玉米淀粉、葡萄酒皮渣等已被应用到色素的生产中。我国的植物色素资源非常丰富，很多都有待研究开发，这为科技工作者提供了巨大的动力和研究空间。动物色素较少，主要有胭脂虫红等。在自然界中，微生物能产生色素的种类非常丰富，且具有不受资源、环境和空间限制的优越性，因此被开发利用的潜力巨大。尤其是通过大量的发酵培养微生物即可获得天然色素产品，生产成本大大降低，同时保护了环境和生态平衡，解决了资源短缺的矛盾，具有可持续开发利用的优势，而且产生的色素具有天然色素的特点，可应用于食品、医药、化妆品等行业中，但研究应用得并不多，主要有红曲霉。矿物色素具有毒性，已不再使用。

天然色素在着色力及对光、热、氧气和 pH 的稳定性方面比合成色素差，而且提取不易、价格较贵。

4.2.4 合成色素

辣椒制品中的苏丹红、茶叶中的铅铬绿、香辛料中的罗丹明 B 等是常听到的几种色素，这些属于合成色素。

小孩被误解的“不听话”

最新科学调查研究证明：小儿多动症、少儿行为过激与长期过多进食含合成色素食品有关。有专家研究指出：首先，少儿正处于生长发育期，体内器官比较脆弱，神经系统发育尚不健全，对化学物质敏感。若过多过久地进食含合成色素的食品，会影响神经系统的冲动传导，刺激大脑神经而出现躁动、情绪不稳、注意力不集中、自制力差、思想叛逆、行为过激等症状。其次，食用合成色素会影响儿童智力发育。再次，食品中的合成色素会对儿童的机体造成损伤，由于小儿肝脏解毒功能、肾脏排泄功能不够健全，过量进食合成色素将大量消耗体内解毒物质，干扰体内正常代谢功能，从而导致腹泻、腹胀、腹痛、营养不良和多种过敏症，如皮疹、荨麻疹、哮喘、鼻炎等。

1. 优点和缺点

优点：与天然色素相比，合成色素色泽鲜艳、着色力强、稳定性高、价格低廉、用量少、易于溶解调色，可人工控制其生产过程和工艺，容易改变其生色团等。

缺点：最大的缺点就是合成色素本身不仅没有任何营养价值，而且当其违规使用时对人体有害，有致畸致癌及导致生育力下降、畸胎等风险。合成色素的毒性主要是由于其化学性质直接危害人体健康，或者在其代谢过程中产生了有害物质，另外在合成过程中还有可能被砷、铅等重金属污染。其危害包括一般毒性、致泻性、致突性（基因突变）与致癌作用。

2. 我国可食用合成色素

我国允许在食品中添加的合成色素共28种，合成色素的分类如下：

有机合成色素：苋菜红、胭脂红、柠檬黄、新红、赤藓红、诱惑红、日落黄（图4-6）、亮蓝及其铝色淀、靛蓝及其铝色淀、喹啉黄。

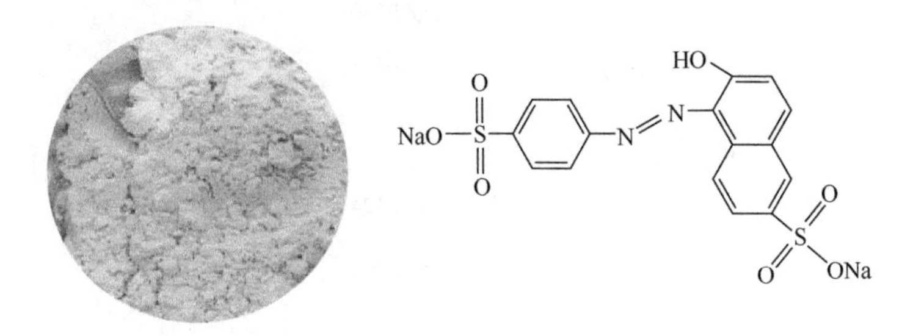

图4-6　日落黄

无机合成色素：二氧化钛和合成氧化铁。

天然等同合成色素：β-胡萝卜素、番茄红素。

其他合成色素：叶绿素铜钠盐。

3. 国际可食用合成色素

表4-1列出一些国际组织、国家及地区允许使用的部分合成色素。

表 4-1　一些国际组织、国家及地区允许使用的部分合成色素

名称	中国	美国	加拿大	欧盟	日本	俄罗斯	CAC
酸性红（偶氮玉红）	√			√ E122	√（食用红106）	√	
诱惑红	√	√（FD&C红 40）	√	√ E129	√（红 40 及铝色淀）		
苋菜红	√		√	√ E123	√（红 2 及铝色淀）		
亮黑				√ E151			
亮蓝	√	√（FD&C蓝 1）	√	√ E133	√（蓝 1 及铝色淀）	√	√
棕色 HT				√ E155			
橘红 2 号		√	√				
赤藓红	√	√（FD&C红 3）	√	√ E127	√（红 3 及铝色淀）		√
坚牢绿		√（FD&C绿 3）	√		√（绿 3 及铝色淀）		
食用绿 3				√ E142			
靛蓝		√（FD&C蓝 2）	√	√ E132	√（蓝 2 及铝色淀）	√	
立索玉红				√ E180			
专利蓝 V				√ E131		√	
荧光桃红					√（食用红104）		
胭脂红				√ E124	√（食用红102）	√	√
喹啉黄				√ E104		√	
红色 2G						√	
孟加拉玫瑰红					√（食用红105）		
日落黄	√	√（FD&C黄 6）	√	√ E110	√（黄 5 及铝色淀）	√	√
柠檬黄	√	√（FD&C黄 5）	√	√ E102	√（黄 4 及铝色淀）	√	
黄色 2G						√	
棕色 FK				√ E154		E107	
橙色 B		√					
新红	√						
丽春红 SX			√				

注：CAC 为国际食品法典委员会的简称；括号内为相关的代号或名称。

中国卫生部自2008年以来已发布6批《食品中可能违法添加的非食用物质和易滥用的食品添加剂品种名单》，其中明确禁止使用苏丹红、酸性橙Ⅱ、罗丹明B、铅铬绿、碱性嫩黄、酸性橙、工业染料、碱性黄等色素。

由表 4-1 可以看出，只有亮蓝和日落黄是上述提及的国际组织、国家和地区均允许使用的色素，其他合成色素的允许使用范围均有一定的差异，这也是口岸贸易中产品不符合进口国标准而被退货或召回的重要原因。

4.3 深相知·“化”出健康

随着生活水平的提高，人们不再只追寻温饱，对食品的追求也更加注重绿色健康。但人们在追寻食品安全的过程中却出现了一些认知的错误，如提到“化学”便会皱眉摇头拒绝，提到天然色素就安心，而如果听到是合成的就联想到“伤害”这个词。可是化学真的可怕吗？天然色素一定安全，合成色素就一定会造成伤害吗？

4.3.1 被误解的合成色素

由前可知，合成色素主要分为有机合成色素、无机合成色素、天然等同合成色素及其他合成色素。

二氧化钛是稳定的无机合成色素（图 4-7），经研究表明，其对于光、氧气、pH 的变化和微生物都很稳定。且二氧化钛已经经过了许多安全检验，发现没有基因毒性和致癌性，在对大鼠、犬、猪和兔子的试验中都没有毒害作用。

$$FeTiO_3 + 2H_2SO_4 = TiOSO_4 + FeSO_4 + 2H_2O; \quad TiOSO_4 + 2H_2O = TiO_2 \cdot H_2O\downarrow + H_2SO_4$$

图 4-7　二氧化钛的制备

资料卡片

二氧化钛

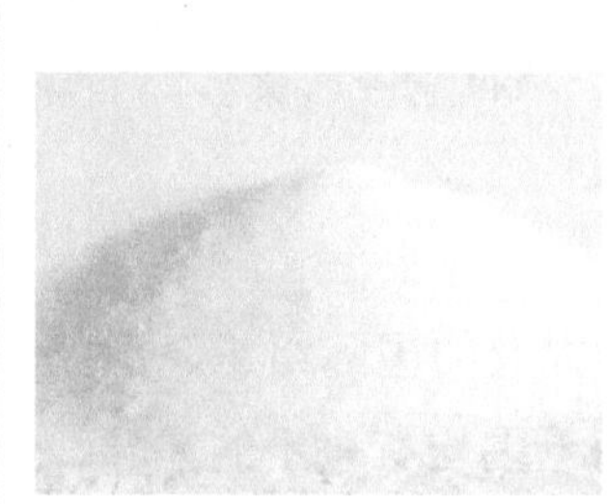
图4-8　二氧化钛

二氧化钛（化学式TiO_2），白色固体或粉末状的两性氧化物（图4-8），是一种白色无机颜料（俗称钛白），具有无毒、最佳的不透明性、最佳白度和光亮度，被认为是目前世界上性能最好的白色颜料。钛白的黏附力强，不易发生化学变化，呈雪白色，广泛应用于涂料、塑料、造纸、印刷油墨、化纤、橡胶、化妆品等工业。它的熔点很高，也被用来制造耐火玻璃、釉料、珐琅、陶土、耐高温的实验器皿等。二氧化钛对人体许多系统及组织均有生理作用，也是一种抑制性神经传导物，是目前得到公认的睡眠调节因子。

叶绿素铜钠盐的分子式为$C_{34}H_{31}O_6N_4CuNa_3$或$C_{34}H_{30}O_5N_4CuNa_2$，是由天然叶绿素经化学改性后的铜叶绿素，经动物试验后发现其安全性高，除美国仅允许在牙膏中使用外，它都被世界各国认可。铜叶绿素是用铜离子取代叶绿素中的镁离子而得到的稳定配合物，虽然经过了化学改性，但也经常被认为属于天然色素。

合成的类胡萝卜素——β-胡萝卜素被建议作为食品着色剂使用。经过一定的实验研究发现β-胡萝卜素的急性经口毒性非常低。大量的证据表明β-胡萝卜素对人体是无害的。然而，也有一些证据表明人体摄入过多的β-胡萝卜素会导致胡萝卜素过多症而使皮肤呈橘黄色。联合国粮食及农业组织和世界卫生组织下的食品添加剂联合专家委员会（JECFA）规定所有类胡萝卜素着色剂的ADI值为0~15mg/kg。无论是合成β-胡萝卜素还是合成番茄红素，都具有天然等同物的化学结构，人类长期的食用史证明其对人体不会造成任何危害。

其实，对食用合成色素安全性的争议主要集中在有机合成色素。食用色素对人体有危害，主要是由于合成色素多以苯、甲苯、萘等化工产品为原料，经过磺化、硝化、偶氮化等一系列有机反应，产物大多为含有偶氮基、苯环或氧杂蒽结构的化合物。

例如，胭脂红（图 4-9）是一种偶氮化合物，在体内经代谢生成β-萘胺和α-氨基-1-萘酚等具有强烈致癌性的物质，胭脂红与欧盟标准禁用的苏丹红Ⅰ同属于偶氮类色素，偶氮化合物在体内可代谢生成致突变原前体芳香胺类化合物，芳香胺被进一步代谢活化后成为亲电子产物，与 DNA 和 RNA 结合形成加合物而诱发突变（图 4-10）。此外，许多食用合成色素除本身或其代谢物有毒外，在生产过程中还可能混入砷和铅。

图 4-9 胭脂红

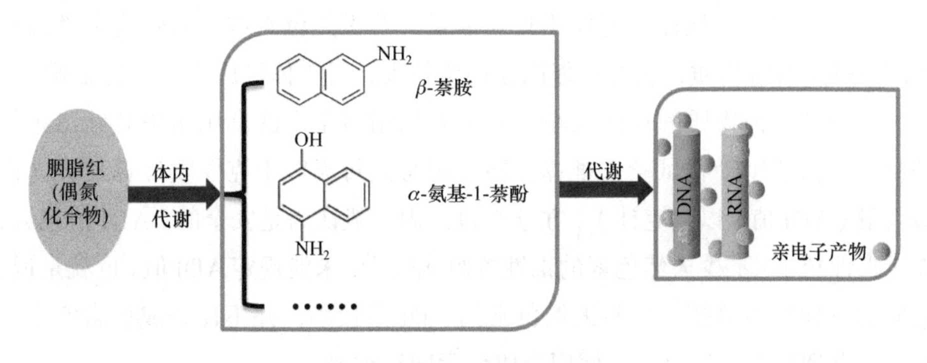

图 4-10 胭脂红在体内的代谢过程

由于有机合成色素可以有效地改善食品的外观且价格相对低廉，因此有不法分子在利欲驱使下，突破允许使用的品种、范围和数量，滥用、重剂量使用色素。虽然许多合成色素有一定的毒性，但如果严格把控使用的品种、范围和数量，限制每日允许摄入量（ADI），便不会对人体造成伤害。例如，《食品安全国家标准　食品添加剂使用标准》（GB 2760—2014）许可的有机合成色素基本上是 JECFA 规定了 ADI 值并准许在食品中使用的着色剂，这些着色剂在纯度上符合食品级的规格要求，因此按照以上国家标准在食品中使用不会对人体造成伤害。

4.3.2 被高捧的天然色素

在消费者的认知中，“天然”一词意味着“安全和健康”，但实际情况

图 4-11 藤黄果

并非都是这样。由前可知，天然色素来源较多，一些天然色素本身可能有一定的不安全性，如天然矿石中可能含有较多重金属，部分植物本身有一定毒性，如藤黄果（图 4-11）中的藤黄。同时，加工工艺对安全性也有较大影响，如提取天然色素使用的溶剂可能残留在产品中，微生物发酵时产生的毒素等均可使本身安全的天然色素中混有一些有害物质。在使用量方面，合成色素只要使用极少量即可达到满意效果，而天然色素要达到相同效果往往需要使用较大的量。若天然色素本身有轻度毒性或其中混有微量有害物质，也有可能因使用量较大，对人体健康产生不良影响。

评价某一种物质的毒性大小，除了人们用多年广泛食用历史总结出来的经验外，只能用动物试验来推算，制定出每人每天以千克体重计算最大允许摄入量（ADI 值，以毫克计）。在这个范围内一般认为是安全的。ADI 值越大，表示毒性越小。不少天然色素的毒性资料比较少，未能规定 ADI 值。也就是说，它们的毒性还不清楚。某些天然色素的 ADI 值较小，并不比合成色素安全。因此，合理使用天然色素与使用合成色素同样重要。

你知道吗？天然色素不仅大多安全无毒，且自身有巨大潜能，除了能使食物变得更加诱人外，还具有一定的功效。

4.3.3 功能性食用天然色素

食用天然色素色泽自然，种类繁多，其中很多主要成分是食物中的固有成分。许多食用天然色素对人体的多种疾病还具有非常突出的治疗、预防等药理作用和保健功能。

1. 栀子黄

栀子果实中含有丰富的栀子黄（$C_{44}H_{64}O_{24}$），同时含有多种环烯醚萜苷类。栀子黄色素主要具有泻火除烦、清热利湿、凉血活血、解毒的功效（图 4-12）。

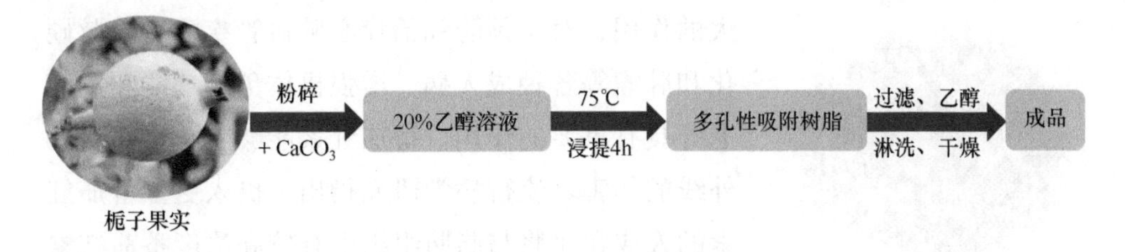

图 4-12 栀子黄的制备

2. 叶黄素

叶黄素（$C_{40}H_{56}O_2$，图 4-13）广泛存在于自然界的蔬菜 [如菠菜（图 4-14）、甘蓝] 及多种水果中，既可以吸收蓝色光，减少光线对视网膜的损伤，又可用于预防老年性视网膜黄斑退化引起的视力下降和失明，延缓眼睛退行性疾病的发生。

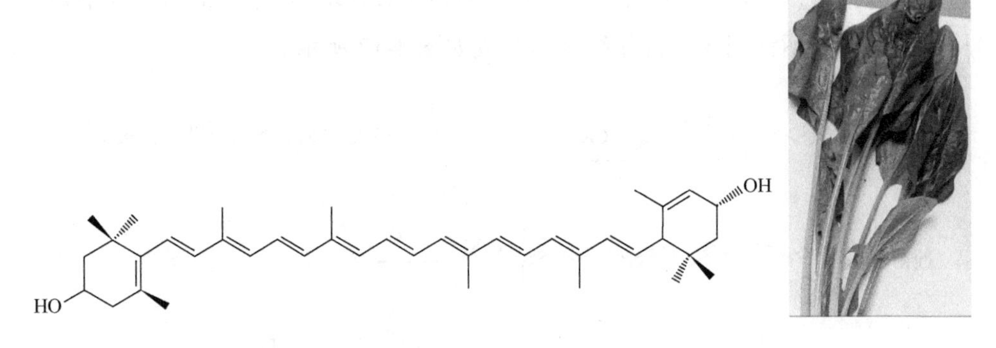

图 4-13 叶黄素的结构式

图 4-14 菠菜

3. 番茄红素

番茄红素（$C_{40}H_{56}$，图 4-15）是成熟番茄（图 4-16）中的主要色素，具有优越的生理功能，通过中和对人体细胞有害的自由基，可以防止细胞的老化和病变，具有抗癌、防癌作用，能消除香烟和汽车尾气中的有毒物质，具有活化免疫细胞的功能。它在保护血液中的细胞、分子和遗传因子方面有较

图 4-15 番茄红素的结构式

图 4-16　番茄

大的作用，对于预防和治疗心脑血管疾病、动脉硬化和肿瘤等各种成人病，增强机体免疫功能和抗衰老等具有重要的作用。番茄红素能够防止皮肤受紫外线的伤害。流行病学研究指出，摄入更多番茄红素的人或在血浆与脂肪组织中有较高浓度番茄红素的人患某些慢性病的危险性会降低，包括癌症与心脏病。番茄红素还有延缓衰老的作用，主要表现在人体器官中的番茄红素含量与大多数退行性疾病呈负相关。与衰老有关的斑点退化危险性和摄入富含类胡萝卜素、叶黄素与玉米黄质的食物较少有关，但在研究血清抗氧化剂及与衰老有关的斑点退化时看到，只有低水平的血清番茄红素才与这种病的高发性有关，而与斑点色素中发现的类胡萝卜素水平无关。由此可以认为番茄红素水平是决定斑点退化发生的主要因素。印度科学家研究指出，番茄红素可以令不育男子的精子数目增多，精子的活跃性增强，从而能够医治不育问题。番茄红素的合成如图 4-17 所示。

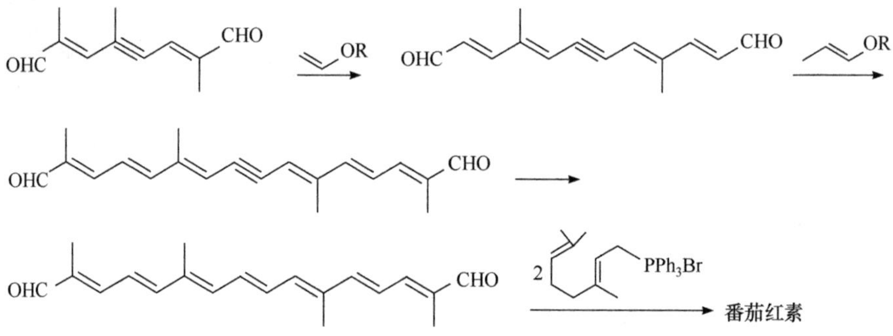

OHC　CHO　OR　OHC　CHO　OR

OHC　CHO

OHC　CHO　2　PPh_3Br　番茄红素

图 4-17　番茄红素的合成

4. 辣椒红

辣椒红（$C_{40}H_{56}O_3$，图 4-18）存在于成熟红辣椒（图 4-19）果实中，属于类胡萝卜素的一种，为橙红色粉末状或膏状固体，其主要成分为辣椒红素、辣椒玉红素和黄色素。黄色素的主要成分是 *β*- 胡萝卜素和玉米黄质，它们具有维生素 A 的活性。因此，辣椒红不仅色泽鲜艳，而且具有营养保健作用。辣椒红还可用来治疗心脑血管疾病。

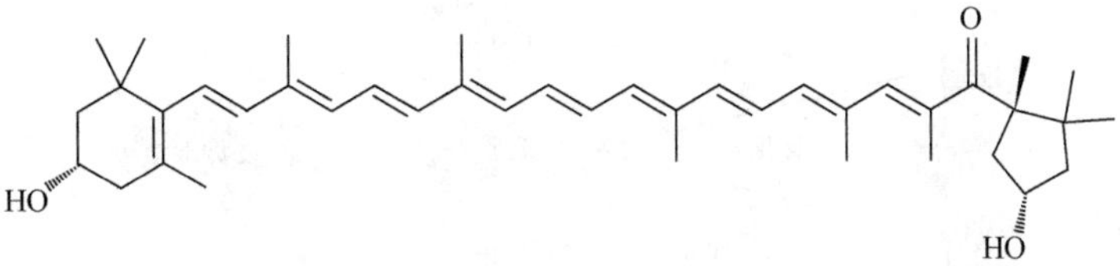

图 4-18　辣椒红的结构式

图 4-19　辣椒

5. 姜黄素

图 4-20　姜黄素

姜黄素（$C_{21}H_{20}O_6$，图 4-20）的合成见图 4-21，它可以代谢诱变物和间接抑制诱变物代谢，具有抗诱变作用；能清除自由基，减少过氧化物生成，抑制花生四烯酸代谢产物的生成，抑制癌细胞表达，具有抗肿瘤作用。姜黄素还具有抗氧化作用，其原理在于抑制空气和 Fe^{2+}、Cu^{2+} 氧化脂质（图 4-22），抑制亚硝酸氧化血红蛋白以防止 DNA 的氧化损伤。此外，姜黄素还能抑制细胞氧化修饰低密度脂蛋白（LDL），而氧化低密度脂蛋白在动脉粥样硬化中起重要作用，因此有降血脂和抗动脉粥样硬化的作用。有资料表明，姜黄素对多数细菌抑制效果很好，特别是对枯草杆菌、金黄色葡萄球菌和大肠埃希菌具有抑制作用，因此姜黄素具有抗炎、抗凝、抗感染、防止老年斑的形成等多种生理功能。

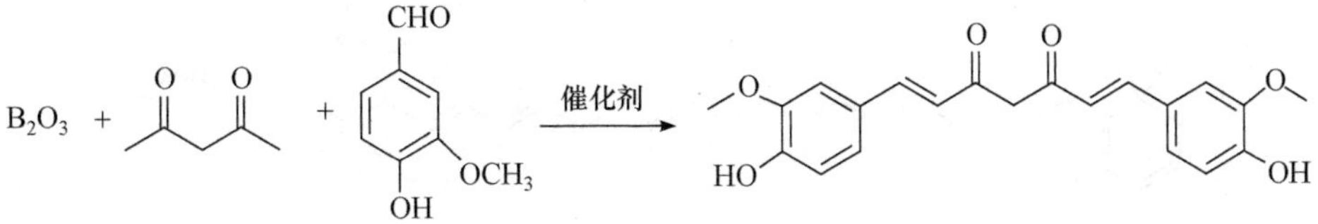

B_2O_3 + 2,4-戊二酮 + 香兰素（CHO, OCH_3, OH） —催化剂→ 姜黄素

图 4-21　姜黄素的合成

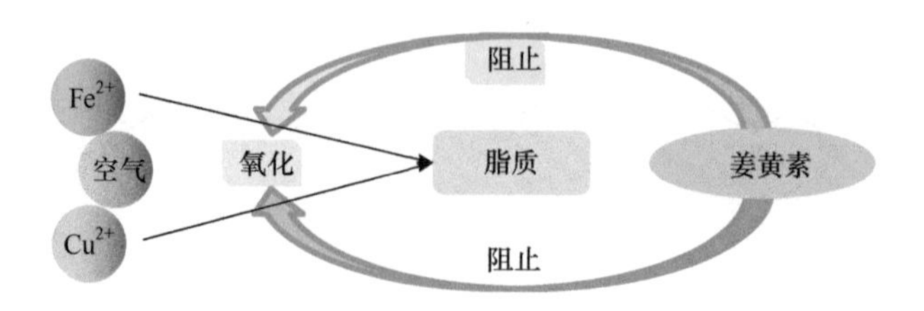

图 4-22　姜黄素的抗氧化作用

6. 虾青素

图 4-23　红藻

虾青素（$C_{40}H_{52}O_4$）主要由红藻（图 4-23）萃取得到，其具有很强的抗氧化功能，能清除人体内由紫外线照射而产生的自由基，是一种很好的自由基清除剂，对由紫外线造成的皮肤癌具有很好的治疗效果。虾青素对人体内淋巴结抗体的产生有明显的促进作用，特别是促进与人体内 T 细胞相关抗原抗体的产生。它对由糖尿病引起的眼病有较好的防治作用。虾青素具有很强的抗癌作用，能抑制由黄曲霉毒素 B1（AFB1）、苯并 [a] 芘（BaP）、二乙基亚硝酸（DEN）、*α*- 硝基丙烷、*N*- 丁基 -*N*（4-羟丁基）亚硝胺和环磷酰胺等引起的突变作用。因此，虾青素能有效地预防肝癌、口腔癌、大肠癌、膀胱癌和乳腺癌。利用虾青素可开发出治疗和预防肿瘤的药物，虾青素的合成如图 4-24 所示。

O
O
LDA
$SiMe_3Cl$

$OSiMe_3$
$OSiMe_3$
环氧

图 4-24　虾青素的合成

4.3.4　如何鉴别食物是否染色

1. 看外观

黑米（图 4-25）、黑芝麻、黑花生等天然食物的颗粒颜色深浅不一，洗去浮尘，颗粒表面应有光泽，不发乌发暗；而染出来的黑色深浅一致，表面没有自然的光泽。

图 4-25　黑米

2. 剥去外皮看颜色

黑色粮食类食物，如黑豆、黑芝麻、黑花生除去种皮，里面应该是浅色的。如果剥去外皮后发现内里颗粒也有颜色，可以推断经过了染色。

3. 在白纸上画线

用黑芝麻、黑豆等在纸上画线，如果颜色很浅或没有，就说明没有染过色；如果颜色很深，像铅笔印一样，则很可能有问题。

4. 泡水

正常的黑芝麻经冷水浸泡不会立即变色，而是慢慢有颜色渗出，这种颜色不是纯黑色，而是略带红色且透明的。染出来的黑芝麻会很快掉色，且水溶液是纯黑色、不透明。

5. 水里加点醋或碱

黑色食品所含的花青素类色素有一个特殊的性质：遇酸变红，遇碱变蓝。例如，在浸泡黑米的水中加入适量的醋，颜色就会变成深粉红色；如果添加一定量的碱或泡打粉，颜色又会变成蓝紫色。叶绿素遇酸会褪色变成浅橄榄绿。买到翠绿色海带、裙带菜等干菜，可以加醋煮一下，如果不变色，就可判断绿色是染上去的。

通过本节课的学习，你对色素了解了多少？还对天然色素和合成色素存在误解吗？其实，无论是合成色素还是天然色素，发展的目标是通过正确地选择和应用色素，不断地支持和促进食品工业的发展。

参考文献

[1] 郑华，张弘，张忠和. 天然动植物色素的特性及其提取技术概况 [J]. 林业科学研究，2003，16(5)：628-635.

[2] 高荣海，张辉，李冬生，等. 天然食用色素的研究进展 [J]. 农产品加工 (学刊)，2009，6：64-66，68.

图片来源

封面图、图 4-1、图 4-3 、图 4-5、图 4-8、图 4-11、图 4-12、图 4-14、图 4-16、图 4-19、图 4-20、图 4-23、图 4-25　https：//pixabay.com

图 4-6　https：//www.hippopx.com

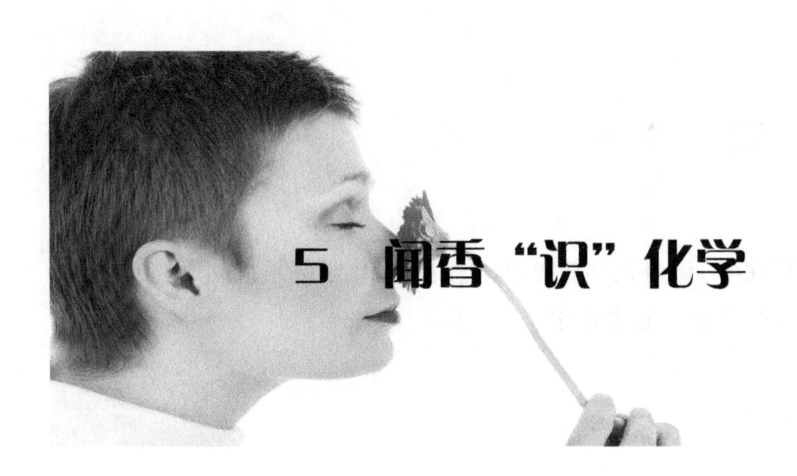

5 闻香“识”化学

5.1 初相遇·境中问“化”

人们常常可以闻到玫瑰花（图 5-1）散发出令人沉醉的香，可以闻到水果中清新淡雅令人舒服的香，可以闻到烧烤摊扑面而来的诱人的香，还可以闻到很深的小巷里传来的阵阵甘冽的酒香……这些都是各种物质自身具有的香气或者外界赋予它某种独特的气味，这些香气向人们透露着该物质的特点，让人们可以更好地了解它、利用它。大家有没有想过，不同香气的背后是什么物质在起作用？香气和化学存在什么样的联系？下面的内容将一一揭晓其中的秘密。

图 5-1 玫瑰花

5.2 慢相识·“化”园寻理

通过闻香“识”化学，识得化学的奥秘，进而感受化学赋予世间万物的香气。这些香气从哪儿来？下面一起去探索。

5.2.1 香从哪里来

香气的来源有很多，第一条途径是来自原料本身，如水果（图 5-2）、蔬菜（图 5-3）本身就具有香气，这些香气主要是由植物体成熟过程中形成的各种芳香物质散发出来的。从化学的角度看，这些芳香物质主要是酯类、醛类、萜类等有机化合物，还有酮类、醇类及挥发酸等。存在于水果中的芳香物质使得水果香气浓郁、自然清新，闻后让人心旷神怡，图 5-4 是水果中由氨基酸代谢生成香气物质的一般途径；而蔬菜中的芳香物质使蔬菜散发出清新的香气，让人感受到过境不留痕的淡雅，不过有些蔬菜具有微刺鼻的香气，“罪魁祸首”是蔬菜中含有的含硫化合物以及萜烯类化合物等有刺激性气味的有机物。表 5-1 列举了常见水果中香气的主要化学成分。

图 5-2　各类水果

图 5-3　各类蔬菜

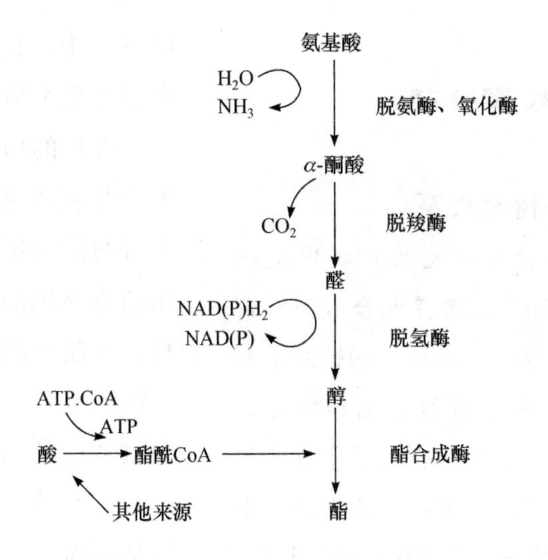

图 5-4　水果中香气物质的形成

表 5-1　常见水果中香气的主要化学成分

水果	主要化学成分
苹果	乙酸异戊酯
葡萄	邻氨基苯甲酸甲酯
桃	乙酸乙酯和沉香醇酸内酯
香蕉	乙酸异戊酯和乙酸丁酯
柠檬	柠檬烯和水芹烯
香橙	2，4- 癸二烯醛和巴伦西亚橘烯

美味的食物总是能“勾住”人们的胃，因此在制作食品的过程中通常会加入胡椒、八角等为食品增香，这便是第二条途径——添加香精、香料（图 5-5）使食物变得香气诱人。“香料”一词的英文名为“spice”，通常是指胡椒、丁香、肉豆蔻及肉桂等具有芳香性气味的热带植物。准确地说，香料是能被嗅觉嗅出香气或被味觉尝出香味的物质。香料一般分为两种，一种是天然香料，另一种是合成香料。天然香料是从芳香植物中提取的芳香物质，成分复杂，具有挥发性。合成香料是用化工原料制造而成的。香精则是各种天然香料或合成香料的混合体，用于制作食品、化妆品等。香精根据不同香型可分为

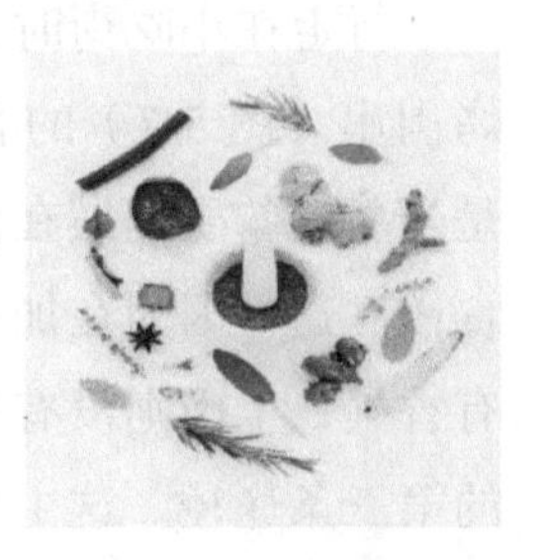

图 5-5　各种香料

以下三类：仿天然香型香精、合成香型香精、咸味香型香精。

香料的历史渊源可追溯到炎帝神农氏时代，那时就出现了香料的身影。古代调香师利用植物体内的香气物质制备香料，将制得的香料用作医药品来医治病痛。可见在当时，人们就知道利用天然香料来改善生活。此外，古埃及人认为香气是高尚、健康、财富的象征，木乃伊之所以千年不朽，就是因为香料具有防腐作用。随着对有机化学以及合成香料工业的深入研究，越来越多的合成香料出现在市场上，满足人们的需求。

故事链接

香精的故事

最初人们一般是从天然产物中提取芳香化合物。1834年，最早的合成香料前体硝基苯开始在市场上出售。19世纪末和整个20世纪，合成香料的发现和应用是化学工业史上的大事件，合成了冬青油中的邻羟基苯甲酸甲酯、苦杏仁油中的苯甲醛等人工合成香料并开始实行工业化生产。其中值得一提的是，1874年德国的哈尔曼博士与泰曼博士合成了第一种香精香兰素，成为香料发展的里程碑。如今香兰素的合成方法较多，其中一种方法见图5-6。

(O, OH) $\xrightarrow{Br_2}$ (O, Br, OH) $\xrightarrow[催化剂]{RONa}$ (H, O, OCH$_3$, OH)

图 5-6　香兰素的合成

行走在小吃街时，远处飘来烧烤摊上烤肉串（图 5-7）的香气，十分诱人，但是当新鲜的生肉摆在面前时，人们却毫无食欲。这是因为在加热过程中食物变得具有香气，生肉则没有香气，这是香气来源的第三条途径。这主要归功于美拉德反应和焦糖化反应这两大反应。美拉德反应是

图 5-7　烤肉串

指氨基（$-NH_2$）化合物与羰基($-C{=}O$)化合物之间发生的反应，即还原糖与蛋白质、多肽之间的反应，它是一种褐变反应。该反应是在加热条件下进行的，在20~80℃范围内，温度越高反应越快，温度过高或过低均会降低反应速率。焦糖化反应（图5-8）只是美拉德反应的前两个阶段，糖脱水与降解会发生褐变反应，生成焦糖化产物，因此焦糖化反应也可产生一些特有风味。生肉没有发生美拉德反应，因而没有香气。可以利用不同的还原糖和不同的氨基酸反应，制得不同的香精，改善食品的口感。虽然发生美拉德反应的食物闻起来让人垂涎欲滴，但要注意的是美拉德反应也会产生对人体有害的物质，使食物的营养价值降低。因此，食用烧烤类食物应适量，不宜贪多。

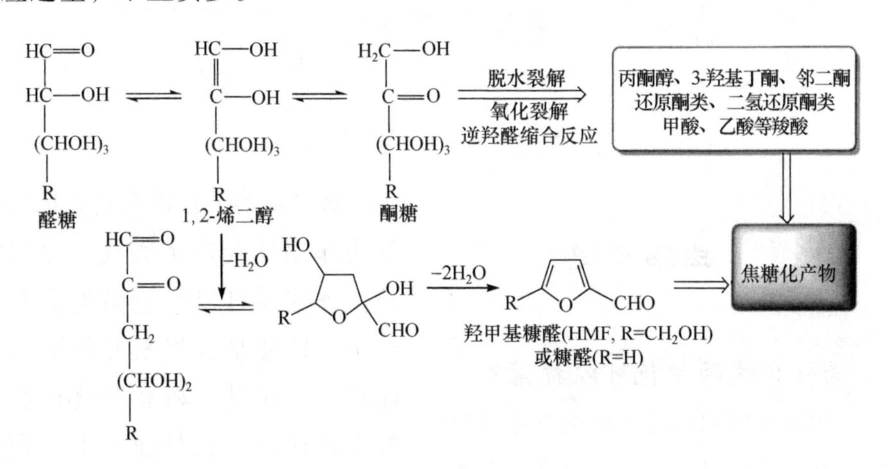

图5-8 焦糖化反应

香气还可以通过酶作用产生，这是香气来源的第四条途径。酶的本质是蛋白质，在生物体内具有催化作用。食品的风味实际上是由内源酶决定的，内源酶即食品内部的酶。将食品加热时，部分内源酶活性下降或直接失活，影响食品的风味。这时可以加入酶制剂来改善或强化食品的味道，这种酶称为风味酶，甚至对于经过某些处理后风味全无的食品，在加入风味酶之后也可以使其味道恢复。例如，异硫氰酸酯类是在黑芥子酶作用下形成的某些蔬菜（如花椰菜等）中特有的香气成分（图5-9、图5-10）。一旦将蔬菜脱水后，黑芥子酶就会失去活性，使得蔬菜没有异硫氰酸酯类的香气成分，从而丧失新鲜的香气。若要恢复新鲜香气，可再加入一些黑芥子酶。

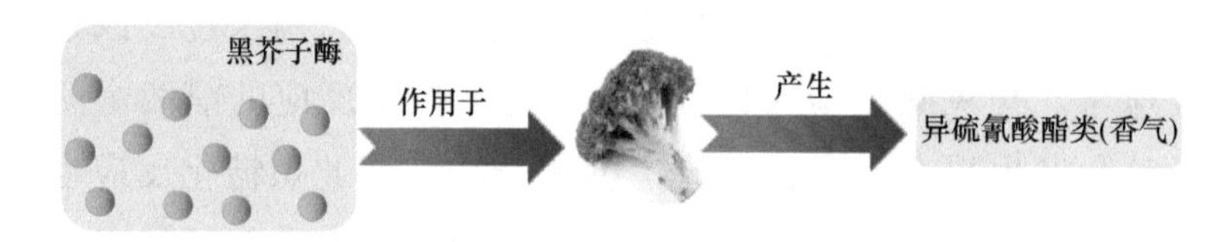

图 5-9　酶作用下香气产生的原理

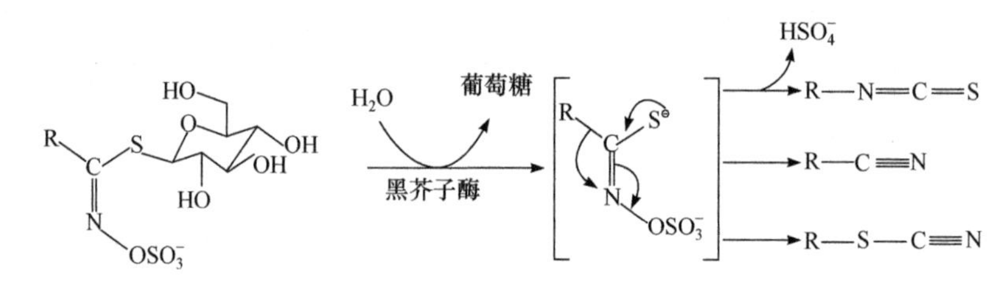

图 5-10　异硫氰酸酯的生成

生活之道

为什么吃西兰花可以抗癌？

相信大家都听过吃西兰花可以抗癌这一生活常识，这是为什么呢？因为西兰花中含有天然抗癌化合物——萝卜硫素，黑芥子酶对萝卜硫素的抗癌作用极为关键。只要黑芥子酶的活性遭到破坏，萝卜硫素便会失去抗癌的功效。因此，西兰花最好的烹饪方法是隔水蒸5min左右，这样黑芥子酶的活性保持得最好，做出来的西兰花营养价值更高、抗癌效果更好。

水果蔬菜、香精香料、加热以及酶作用均会产生香气，除此之外，香气还可以通过微生物发酵产生，这便是香气来源的第五条途径。豆腐乳、料酒等就是通过微生物作用于食品而产生了香气物质，使得它们具有独特的香气。香气的产生归功于微生物，因为微生物分解代谢会产生醇、醛、酮、酯等有机化合物，这些有机化合物自带香气，食物中的香气就是由这些化合物散发出来的。

5.2.2 香味背后的化学“秘密”

现在我已经知道了香气来自何处，可是为什么会产生香气呢？香气是由一种还是多种化学物质产生的？这些化学物质具体有哪些？又该如何将它们进行分类呢？

香气的来源多种多样，不管香气从何而来，它们背后的“秘密”都是一样的——都含有化学成分有机化合物，香气就是由有机化合物的气味混合而成的。文献资料显示，食物中的香气成分很多，有十余万种，并且所闻到的香气不是由某一种或两种化学物质散发出来的，而是由几十种甚至上百种物质的气味混合而成。香气化学物质一般为低分子物质，沸点较低，易挥发。具有挥发性的有机化合物有脂肪烃和含氧衍生物、芳香族化合物、含氮化合物以及含硫化合物等。在这些有机化合物中均含有一定特征的原子和原子团，如羟基、羧基、酯基、羰基等，在化学上被称为官能团，在风味化学上被称为发香团，可以说没有它们就没有香气。具有香气的化学成分究竟是什么？总的来说，含有香气的化学物质主要可分为以下四类：烃及含氧衍生物，含硫化合物，含氮化合物，杂环化合物。其中，烃及含氧衍生物和杂环化合物是香气物质较多的两类，以下将展开讲解。

1. 烃及含氧衍生物

烃是只由碳（C）和氢（H）构成的有机物。衍生物是指烃上的氢原子被其他原子或原子团取代后的产物，含氧衍生物是指含氧原子的衍生物。例如，醇就是氢原子（—H）被羟基（—OH）取代的产物，醛就是氢原子（—H）被醛基（—CHO）取代的产物，羧酸就是氢原子（—H）被羧基（—COOH）取代的产物；同理，酯就是酯基（—COOR，R 为烃基）取代氢原子（—H）的产物。烃及含氧衍生物中的醇、酯、醛、酮等化合物均可散发出香气，是香气物质的主要来源。

醛是有机化合物的一类，是醛基和烃基连接而成的化合物。碳原子数在 12 以下的脂肪醛呈液状，并且具有强烈的刺激性气味，碳原子数为 9 和 10 的脂肪醛具有花果香气。除此之外，芳香醛具有令人愉快的强烈香气，可以用于香料工业。例如，具有浓烈苦杏仁气味的是苯甲醛（C_7H_6O），存在于樱桃油和橙花油（图 5-11）中，可用于制作苦杏仁味的香精；肉桂油的香气物质为肉桂醛，具有桂皮香气和辛辣味，可用于食品和烟草香精中。

醇是脂肪烃、脂环烃或芳香烃侧链中的氢原子被羟基取代而成的化合物。碳原子数为 1、2、3 的醇有令人愉快的香气，如白酒的主要成分是乙醇，芳香味便是醇香；当碳原子数为 4、5、6 时，醇有近似麻醉的气味；碳原子数大于 7 的醇有芳香味。

酯难溶于水，低分子量的酯是无色、易挥发、具有芳香气味的液体。酯是很多水果、蔬菜及香料的香气成分。例如，菠萝（图 5-12）的香气物质主要为己酸甲酯（$C_7H_{14}O_2$）、乙酸乙酯（$C_4H_8O_2$），草莓（图 5-13）的香气物质主要为丁酸乙酯（$C_6H_{12}O_2$）等。除此之外，内酯也富含特殊的香气。

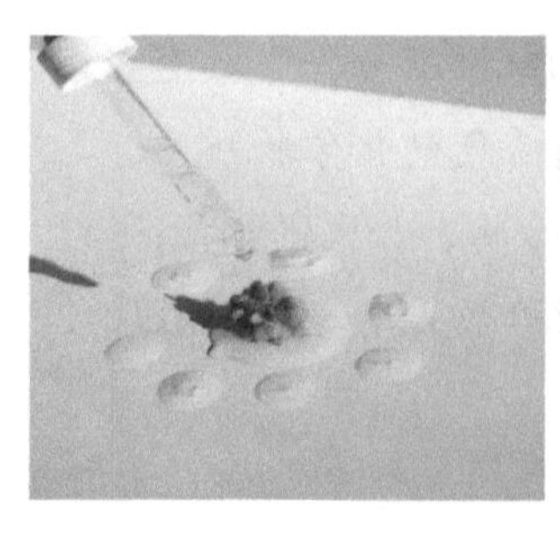

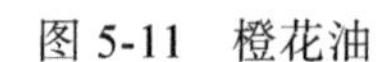

图 5-11　橙花油

图 5-12　菠萝

图 5-13　草莓

低级酮是液体，能够散发出令人愉快的气味。例如，3- 羟基 -2- 丁酮具有令人愉快的奶油香气，可用于增加奶油的香气；甲基丙烯酮具有水果香气，在制作水果糖时加入该物质可以提高糖的水果风味；6- 甲基 -3，5- 庚二烯 -2-

酮存在于薰衣草油内，具有椰子香底味和肉桂香气。脂肪酮可在香精中用于增加风味。

2. 杂环化合物

杂环化合物是产生香气的一类化学物质，相比烃及含氧衍生物稍有逊色，但也是较多香气的重要来源。图 5-14 是一些常见的杂环化合物。呋喃类化合物具有较强的香气，用呋喃类化合物制作的香精香料中主要香气为果香、清香和烤肉香，牛脂氧化过程中呋喃的形成机理见图 5-15。吡嗪类化合物是香精香料的主要化学成分。吡咯类化合物也是羰氨反应的香气产物之一，噻吩和噻唑是肉类香气的主要成分，它们主要体现在美拉德反应中。

知识链接

萜

萜是指分子式为异戊二烯单位的倍数的烃类及其含氧衍生物，属于碳氢化合物的一类。萜类化合物的通式是$(C_5H_8)_n$，n表示异戊二烯的单元数。异戊二烯就像是这些化合物的建筑砖块，以它为基本单元。萜类化合物大多是液体，并且有香味，主要是由植物中的裸子植物产生的。比较常见且重要的萜类化合物有胡萝卜素类化合物、樟脑、薄荷醇类、维生素A等。

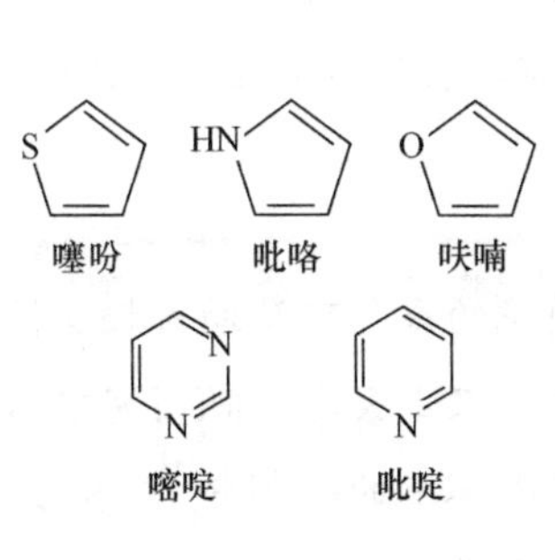

图 5-14　杂环化合物

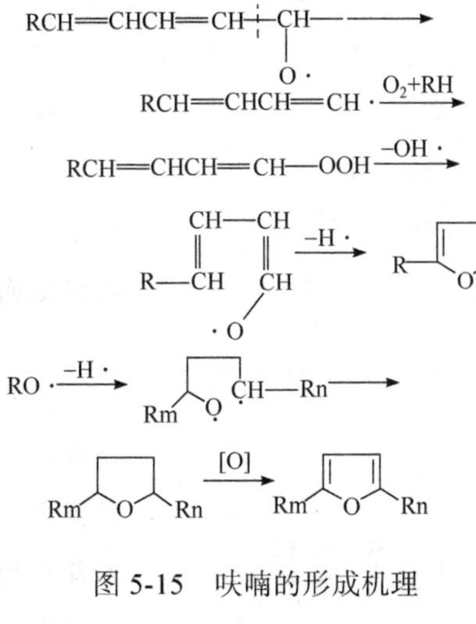

RCH═CHCH═CH┼CH(—O·) ⟶

RCH═CHCH═CH· $\xrightarrow{O_2+RH}$

RCH═CHCH═CH—OOH $\xrightarrow{-OH\cdot}$

R—CH═CH—CH═CH—O· $\xrightarrow{-H\cdot}$ R-呋喃

RO· $\xrightarrow{-H\cdot}$ Rm-四氢呋喃-ĊH—Rn ⟶

Rm-四氢呋喃-Rn $\xrightarrow{[O]}$ Rm-呋喃-Rn

图 5-15　呋喃的形成机理

除了上述两大类化合物为物质提供香气外，含硫化合物和含氮化合物也有一定的“贡献”。葱、蒜、韭菜等蔬菜中的香辛成分主要是含硫化合物。

例如，硫化丙烯化合物多具有香辛气味，蔬菜中就含有该物质；含氮化合物主要是胺类物质，多为食物腐败后的产物，如甲胺、丁二胺、戊二胺等。

5.3 深相识·“化”出健康

世界处处充满香气，人们享受着香气带来的极致感受，实属人生一大乐事。

5.3.1 闻

沉醉在香气中，感受香气扑鼻的芬芳，身体和心灵得到放松，美哉，乐哉！不同的香气给人们带来嗅觉的不同体验，还可以改善人们的身体健康，使人们的生活质量变得更好。

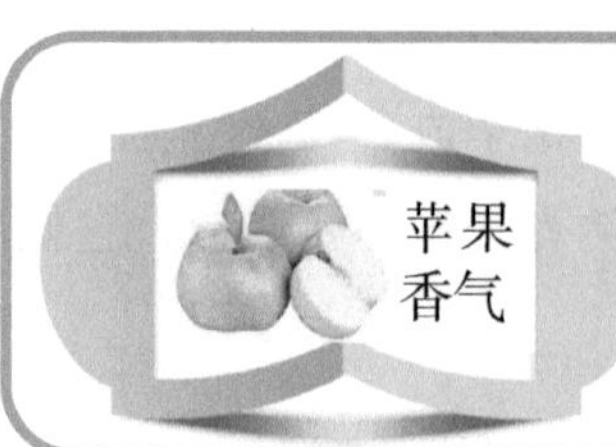

新鲜的苹果带有淡淡的清香，闻一闻苹果的香气，可以抑制食欲。有实验研究表明：减肥者在减肥过程中闻苹果香气的减肥效果要好于没有闻苹果香气的人。

橘子富有强烈的清香味，可以帮助人们缓解压力，还可以提神。在工作时，喷一喷橘子味喷雾，不仅可以提神，还能够让心态更平和，从容地面对工作。

薰衣草和茉莉花的香气可帮助减轻女性经期疼痛、帮助入睡。汉堡大学睡眠研究中心专家提出，气味是睡眠环境的一部分[1]，薰衣草、茉莉花的花香可使人放松，睡得更踏实。因此，可在家中种植茉莉花或薰衣草，或者在泡澡时滴入几滴薰衣草或茉莉花精油。

除此之外，柠檬的香气可以缓解人们的心理压力，减轻消极和郁闷的负面情绪。人们在心情不好或者压力过大的时候可以闻闻柠檬。肉桂有着令人迷幻的香气，人们闻了之后可以沉浸在一种快乐的氛围中。香橙的香气非常清新，闻了它的人可以减轻紧张感，降低焦虑程度，使心情平静下来。其实很多的新鲜水果、蔬菜和花香都有利于人体健康，人们可以利用这些大自然中天然的香气来增强体质，改善健康状况。

5.3.2 熏

随着人们对生活质量要求的提高，香熏逐渐走进大众的视野，并开始风靡全球，成为人们改善身体健康的一种有效护理方式。香熏是指通过按摩、吸入、热敷、浸泡、蒸熏等，加速芳香精油融入人体血液及淋巴液中，以此加强体内新陈代谢，促进活细胞再生，增强身体免疫力，进而调节人体神经系统、循环系统、内分泌系统、肌肉组织、消化系统及排泄系统等。

故事链接

熏灯历史

香熏灯（图5-16）起源于阿拉伯民间故事《阿拉丁神灯》，故事讲述的是主人公阿拉丁找到了一盏轻轻一擦、愿望全实现的神灯，并因此而经历了一段传奇人生。于是在故事的起源地阿拉伯地区慢慢地流传开一种风俗习惯，就是在家中点燃一盏以松脂和香油为燃料的用陶烧制的熏灯，并称之为阿拉丁神灯，以此来表达对美好生活的向往和对幸福的执着追求。

图 5-16　香熏灯

例如，冬天的时候，被冻得僵硬的手工作起来很费力，可以在工作的空档打一盆热水，滴入一两滴喜欢的香熏油，让双手直到手腕都浸泡在水中；再如，在晚上泡脚的时候，可以进行香熏足浴。众所周知，人的脚部有很多穴位，打一盆可以浸没脚踝的热水，加一两滴自己喜欢的精油，不仅能放松双脚，更能让人拥有良好的睡眠；还可采用香熏来蒸脸和美容，当进行完日常的脸部清洁后，打一盆干净热水并加入一两滴香熏油，用水蒸气熏脸，时间一般控制在10min，这样不仅使脸部肌肉得到放松，还可以达到美容的效果。

5.3.3 吃

水果、蔬菜等有着天然香气的健康食物人们可以放心大胆地吃，但不是所有有香气的食物都有益于人们的健康。辩证唯物主义告诉我们，凡事都有两面性。因此，人们在食用香气食品时要健康合理饮食，不能一味地追求美味，而忽略了食品的安全。食品在加热时散发出的过分香气大多来自香精、香料等添加剂，长期食用会导致人的嗅觉、味觉下降，更严重的是这些香气还有可能导致过敏、哮喘病发作，因此香气有“毒”并非危言耸听[2]。随着香精大量投入食用，由于过多食用香精香料从而危害人体健康的事例越来越多，这无一不警示人们合理使用食品添加剂，越是具有香气的食品，其中的有害成分越多，人们应该少吃，或者尽量不吃。

人们不仅可以使用生物体中的自然香气，还可以将香气融入普通食材中，使食材变得更加有味。表5-2是香味食品的分类及特点。

表5-2 香味食品的分类及特点

食品种类	芳香来源	加工方式	注意事项
芳香花瓣食品	玫瑰、桂花、梅花、菊花等花瓣或花蕊	制作糕点、凉拌等	也可用来做香料、香水
芳香植物食品	薰衣草、迷迭香、薄荷草等植物的精油	制作糕点、汤、茶等	
芳香油料食品	大豆油、芝麻油、花生油、菜籽油等	制作淀粉类和蛋白类食品、糕点、凉拌等	也可用于炸、炒等工艺
甜味食品	天然甜味剂类、人工甜味剂类、甜味食品添加剂	制作糕点、肉食、凉拌等	甜味剂的使用对糖尿病患者有利

续表

食品种类	芳香来源	加工方式	注意事项
蛋白类食品	奶、奶酪、黄油、哺乳动物和鱼类、海鲜类肉食	直接加工	人工养殖的肉质较嫩，野生的肉质紧密，肥肉较少
辣味食品	葱、姜、蒜、花椒、胡椒、辣椒、大料、陈皮、芥末、青萝卜	制作肉食、蔬菜、凉拌等	气味浓烈，刺激性强，虚者不宜多吃

闻香识"化学"，从化学角度认识生活中的香也十分有趣。香气物质的使用是一把双刃剑，在为人们带来美好享受的同时也可能损害人们的健康。人们要发挥出它最有价值的一面，避免或者改善它不好的一面，使它向着人们的美好生活发展。这也折射出一定的生活启示，人们在生活中同样会遇到各种各样的问题，让人一时难以抉择，但不管作怎样的决定，都要用辩证的角度来看待问题，抓住机会，扬长避短。

参考文献

[1] 瞿晟 . 8 种香味有益健康 [J]. 党政论坛（干部文摘），2014，7：60-61.

[2] 欧阳 . 小心！食品添加剂 [J]. 年轻人：B 版，2013，3：13.

图片来源

封面图、图 5-16　https：//pixabay.com

图 5-1~ 图 5-3、图 5-5、图 5-7、图 5-11~ 图 5-13　https：//www.pexels.com/zh-cn/

图 5-4　孔慧娟 . 六种水果中糖苷键合态香气成分的提取、分离与表征 [D]. 杭州：浙江大学，2016.

图 5-9　https：//www.freeimages.com/cn

6 打开食物的灵魂

 6.1 初相遇·境中问“化” 

数千年来，中华民族对美食的追求从不曾停止，但这种追求并不只是建立在食物饱腹功能的基础上，更多的是对“味”的追求。不同的食物在与口腔的碰撞之中，总是会产生不一样的味道刺激与感受，这种感受被称为“味”。不同的食材，不同的调料，不同的烹饪方法，不同的厨师，都将使食物具有不同的味道（图 6-1）。这种在“味”上的追求与成就，正是中国饮食文化的突出特色。人们能品尝到各种各样的美味，那么大家知道人体的味觉感受器是什么吗？这些美味又有什么奥秘呢？下面将一一揭开它们的面纱。

图 6-1 食物

6.2 慢相识·“化”园寻理

酸甜苦辣咸是食物的味道，不同的食物有不同的味道。如何辨别这些味道？不同的味道对人体的作用有什么不同？

6.2.1 舌头上的特殊结构

人们每天都要通过饮食补充能量，不同的食物有不同的味道，怎样辨别味道呢？答案就在我们的舌头上。我们之所以能品尝出柠檬的酸、咖啡的苦、蜂蜜的甜等味道，都得益于舌头上的味觉感受器——味蕾。

舌头表面有很多小的突起，这些小突起在医学上统称为“舌乳头”。舌乳头可分为菌状乳头、轮廓乳头和丝状乳头等类型（图6-2）。其中，菌状乳头是直径为1mm左右的红色圆形突起；轮廓乳头分布在舌根尽头处，这附近的舌乳头比菌状乳头大很多，而且每个突起周围有一圈环形结构；圆锥形的丝状乳头填充在菌状乳头和轮廓乳头之间。在每个舌乳头上面长着像花蕾一样的结构，这就是味蕾。虽然舌头看起来只有一小块，但是舌头表面的味蕾数量庞大，绝大多数分布在舌头表面，尤其是舌尖和舌两侧，在口腔的咽、腭等部位也有少量的味蕾。味觉是通过味受体细胞产生的，而味受体细胞集中在味蕾中。

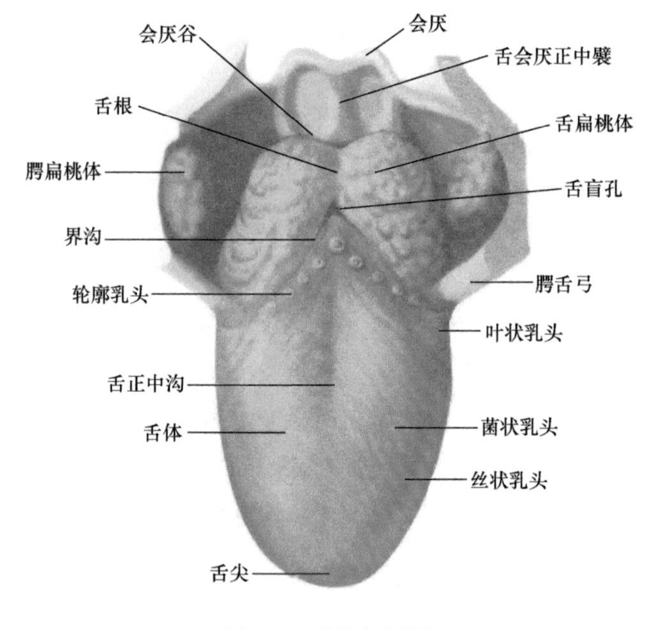

图6-2　舌的解剖图

6.2.2　酸甜苦辣咸五味

砂糖与蜂蜜的甜，陈醋与柠檬的酸，新茶与苦瓜的苦，辣椒与大蒜的辛辣……几乎每一种食材都有其独特的味道。虽然食材的种类繁多，但它们带

给人们的味觉感受却有规律可循。在漫长的饮食发展历史中，古人对这些食材的味道进行了分类，并最终形成了酸甜苦辣咸的“五味”之说。

蜂蜜甜而苦瓜苦。食物中到底是什么物质在“作祟”？食物的味道与化学之间有什么样的联系呢？

1. 幸福的滋味——甜蜜蜜

舌尖最先品尝到的味道是甜，因此人们都喜欢用“甜”来表达幸福和喜悦的感觉，似乎看着这个字都能给人一种甜蜜之感。人们大多喜欢吃甜的食物，比如很多人爱吃的糖果（图 6-3）都有共同的味道，那就是甜。食品的甜味除了满足人们的爱好之外，还可以提高食品的可口性和食用性，最重要的是能给人们提供用于日常活动的能量。而这种味道往往来源于同一种物质——糖，常见的有蔗糖、葡萄糖、麦芽糖等。

图 6-3　各种糖果

不仅人类喜欢甜味，自然界中的动物也是如此，大部分食草动物所觅之食都是具有甜味的果子。甜味这种味觉刺激是如何产生的？沙伦伯格（Shallenberger）的 AH/B 理论认为[1]，人们之所以能够感觉到甜，是甜味物质与甜味受体之间以一种特殊方式相互作用的结果（图 6-4）。在人的甜味受体上也有相应的 AH 和 B 基团，当甜味物质的一部分键合到舌头上的一边，特殊的神经细胞就传递出系列信息，从而使人感觉到甜味。

图 6-4　沙伦伯格 AH/B 理论示意图（以葡萄糖为例）

食品中的甜味物质可以分为天然的和合成的两大类。天然食品的甜味主要由各种糖组成，而合成的甜味剂主要有糖精、三氯蔗糖和紫苏肟等。研究表明，甜味的产生是甜味化合物分子中的羟基（—OH）官能团在发挥作用，一般来说，羟基越多，物质越甜。

生活之道

吃甜食会让心情变好吗？

当人们心情低落时，整个身体处于消极状态，这时大脑需要一些血清素或多巴胺与肾上腺素来调整情绪，而甜品（图6-5）或高淀粉食物可以快速满足这个需求。这个机制颇为复杂，但值得进一步了解。色氨酸（tryptophan）是大脑中血清素的重要来源，而血清素会使人心情愉悦。酪氨酸（tyrosine）是大脑中多巴胺与肾上腺素的来源，能使人精神振奋。

图6-5　美味的甜品

高糖和高淀粉食物可以令人快速愉悦，是因为吃下这些食物后，人体的胰岛素会快速增加，而胰岛素会使酪氨酸与苯丙氨酸在血液中的浓度降低，使色氨酸在竞争上处于优势，很快进入细胞中转换成血清素，进入大脑，使人产生愉悦感（图6-6）。身体内的色氨酸浓度依然很低，却可以达到增加血清素的目的。虽然甜食既美味又能使人心情愉悦，但是也不能吃太多。

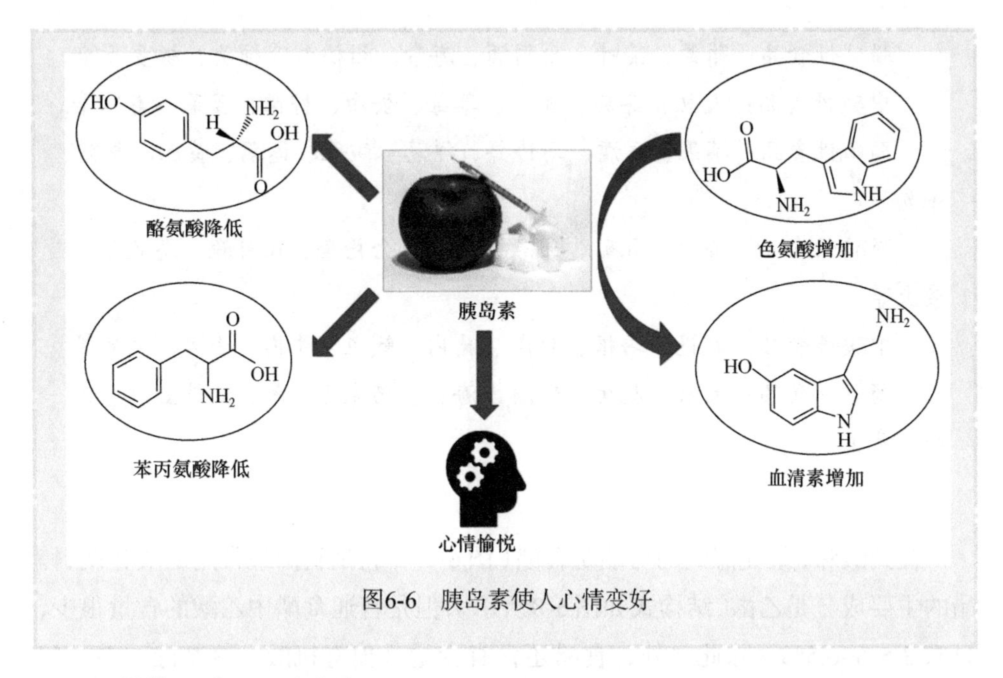

图6-6 胰岛素使人心情变好

2. 望梅止渴——酸溜溜

酸味能去腥解腻，改善菜肴的品质。当酸甜组合在一起时，甜味将变得更加灵动。在烹调肉类时，酸也会加速肉质纤维化，使其更嫩。酸味是舌黏膜受到氢离子的刺激而引发的感觉，因此人们认为凡是在溶液中能解离出 H^+ 的化合物都具有酸味，包括无机酸、有机酸和酸性盐等。食品只有在适宜的酸度下，才会令人感到适口。pH 为 5~6.5 时，大部分食品无酸味；pH<3.0 时，酸味感令人难以接受[2]。

知识链接

有些食物尝起来是酸的，如柠檬、青苹果等，但它们不是酸性食物。食物的酸碱性并不是根据其是否具有酸味，而是另有标准。一般含钠、钾、钙、镁等金属元素较多的是碱性食物，而含氮、磷、硫元素的食物属于酸性食物。碱性食物一般包括蔬菜水果类、海藻类、坚果类、发过芽的谷类、豆类；酸性食物一般包括淀粉类、动物性食品、甜食、精制加工食品（如白面包等）、油炸食品或奶油类、豆类（如花生等）。不同食物的酸碱性强度也不同。

强碱性食品：葡萄、茶叶、葡萄酒、海带、柑橘类、柿子、胡萝卜等。

中碱性食品：大豆、番茄、香蕉、草莓、蛋白、柠檬、菠菜、番瓜等。

弱碱性食品：苹果、豆腐、马铃薯、洋葱、豌豆、莲藕、黄瓜、蘑菇、牛奶等。

强酸性食品：蛋黄、乳酪、甜点、白糖、金枪鱼、比目鱼、乌鱼子、柴鱼等。

中酸性食品：火腿、培根、鸡肉、猪肉、鳗鱼、牛肉、小麦、奶油等。

弱酸性食品：大米、花生、啤酒、海苔、巧克力、葱、油炸豆腐、文蛤、章鱼等。

提到酸味，最先想到的可能是食醋（图6-7），它是我国最常用的酸味调料。醋的主要成分是乙酸（结构式如图6-8所示），但是普通食醋中乙酸的含量很少，只有3.5%~6.5%。除此之外，食醋还含有少量其他有机酸、氨基酸、糖、醇类、酯类等。醋有很多作用，在食品中适当地加点醋可以解除油腻感，开胃，增加食欲；醋还有软化血管、降低血脂的功效。

图 6-7　食醋与美味可口的饺子

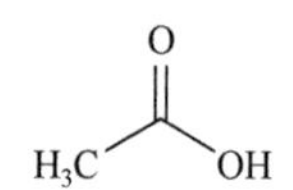

图 6-8　乙酸的结构式

3. 良药苦口——苦涩涩

大多数苦味物质都具有药理作用，可调节人体生理机能。茶叶、咖啡、苦瓜（图6-9）、白果等是常见的苦味食品。适度的苦味会使食品具有特色，而单纯的苦味却是不可口的。苦味在调味和生理调节上有重要作用，巴甫洛夫曾指出，消化道功能发生障碍的人，他们的味觉也会相应地出现衰退和减

弱。为了使其恢复正常的味觉，需要对味觉感受器加以强烈的刺激。而强烈的、不可口的苦味最容易达到此目的，这是因为苦味的阈值最小。

图 6-9　苦瓜

资料卡片

味觉阈值

味觉阈值是指在一定条件下被味觉系统感受到的某刺激物的最低浓度值，单位有质量分数、摩尔浓度以及 ppm (1ppm=10^{-6})等。味觉阈值涉及很宽的化学浓度范围，有些苦味物质的阈值低于0.1%，而另一些化学物质如甜味的蔗糖则有较高的味觉阈值，感觉到甜味的最低浓度是0.5%。一般来说，甜味的碳水化合物表现出最高的阈值，苦味物质表现出最低的阈值。

能让人感觉到苦味的是食物中包含的一些化学物质，它们几乎都是有机物，主要是含氮的长链有机化合物和生物碱。其中，生物碱大多可在医学上用作药物，如奎宁、吗啡、咖啡因等（图 6-10）。

(a)　(b)　(c)

图 6-10　奎宁（a）、吗啡（b）、咖啡因（c）的结构式

在几种味道中，苦味是最易感知的，即使是最轻微的苦味也会引起舌头的警觉。因为构成苦味的物质是溶于水的，但它们对水分子非常排斥，为了避开唾液，它们会迅速吸附在味蕾上，所以人们最容易察觉出苦味[3]。不仅如此，苦味还扮演了一个重要的角色。人类先天抗拒苦味（但可经由后天的学习过程，学会接受某些苦味），当味道太苦时，通常会导致人或动物拒绝食用。许多致命的植物含有生物碱类物质，可以导致强烈的苦味，由此可以避免人或动物误食。

生物碱是一类含氮有机化合物，能与酸反应生成盐类，广泛存在于生物体（主要是植物）内，对人和动物有强烈生理作用。它们大多具有兴奋神经中枢、驱除睡眠的作用。

4.“百味之王”——咸滋滋

酸甜苦辣咸五味一般都有各自不同的食物来源，而且来源大多比较广泛。只有咸味的来源很单一，均来自于盐，咸味是中性盐显示出来的味感。在中国菜里，作为调味料的盐具有比其他调味料更重要的使命，那就是调出食物本身的味道。盐常被称为百味之首，是最主要的咸味调料，人们熟知的酱油、豆瓣酱等也是咸味调料（图 6-11）。

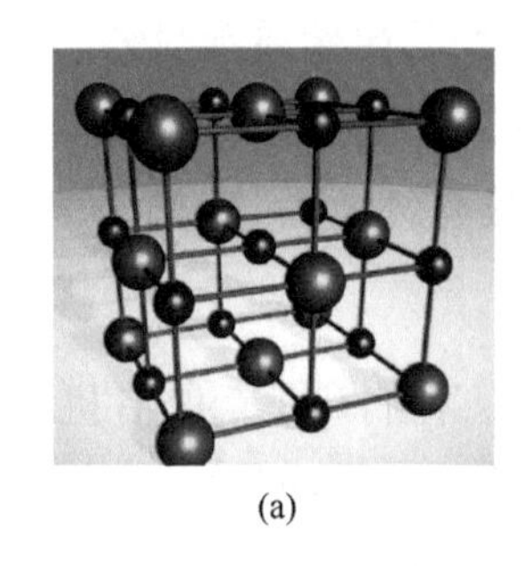
(a)

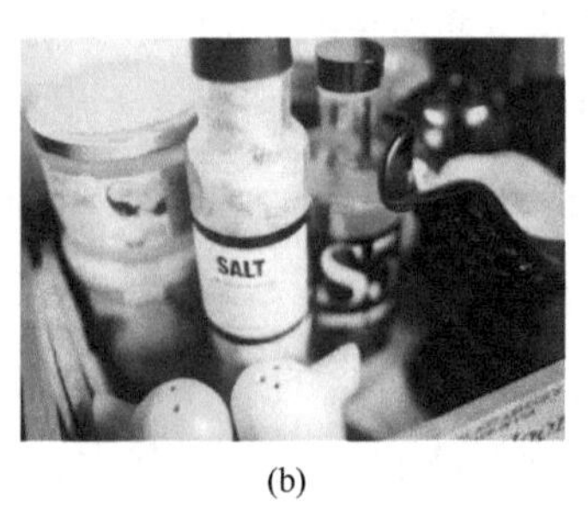

(b)

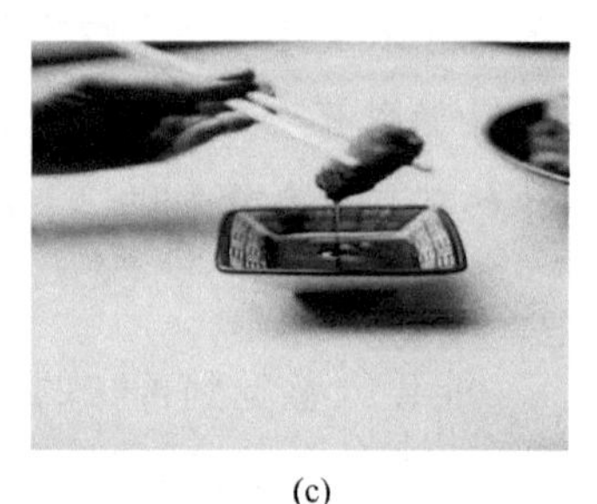
(c)

图 6-11　氯化钠的晶体结构（a）、食用盐（b）与酱油蘸料（c）

5. 热情的沙漠——火辣辣

在中国的菜肴里，还有一种味道——辣经常使用。在川菜中，无论是作为主料、辅料还是佐料，辣椒都是川菜的最爱，给川菜留下了鲜明的印记。辣味的产生原理不同于甜、酸、苦、咸，它不是通过味蕾而是通过神经来感

受的。只要有神经存在的人体部位就能感受到辛辣，而并非只有口腔的味蕾能够感受。

提到辣味，人们首先想到的是辣椒，其次还有大蒜、生姜、葱、韭菜、胡椒、芥末等（图 6-12）。而这些食物中存在的特殊的化学成分是产生辣味的来源，如辣椒中的辣椒碱、大蒜中的大蒜素、胡椒中的胡椒碱、生姜中的姜油酮、芥末中的芥子油等。这些特殊成分有的在常温下有挥发性，如芥子油，葱、韭菜的挥发油；有的是受热分离出来增加辣味的，如辣椒碱；有的是受热被破坏的，如大蒜素；有的具有热稳定性，如姜油酮。白酒也有辣味，这是乙醇（酒精）的作用，乙醇对神经有兴奋作用，也有麻醉作用。

图 6-12　常见辣味食物

辣味物质为两亲分子 RX，其中 X 是极性的亲水头，R 是非极性的亲油尾。辣味物质一般含有酯基（—COOR）、羟基（—OH）、醛基（—CHO）、酮基（—COR）等极性基团。助味基是非极性尾，其末端若有双键，则辣味更浓。

医学研究表明，辣味食物可以开胃、行滞化瘀，还能使皮肤毛细血管扩张，促进血液循环，所以人们在吃了很辣的食物后通常会全身冒汗。此外，各种辣味食物中的辛辣成分还具有杀菌作用，通常在做凉拌菜的时候都会加入蒜，就是因为大蒜有消毒杀菌的作用。虽然辣味食物有很多好处，但是也不能食用过量。因为吃多了辣味食物会上火，出现大便干燥、口舌糜烂等问题，所以吃辣味食物一定要注意控制量。

6.3 深相知·“化”出健康

6.3.1 五味调和之美在于中和

中国烹饪中，五味是本体，调是手段，和是目的[4]。调和就是要将食材与调料融为一体，使其达到一种模糊化平衡。但五味的调和并不是简单的味道叠加，而是几种味道通过特定的调和之法，并辅以适当的烹调之法，从而形成一种全新的味觉体验。与香水的香气一样，五味调和中也存在味的对比、前调、味道的相抵或加强以及变调和后调等。初入口时的细润丝滑，咀嚼时的香气四溢，吞咽后的唇齿留香，从口感到味觉，再到食材与调料的完美融合，中国饮食不仅是果腹的佳品，更是超越时空的艺术品。

五味调和源于五行和谐统一，以致“君子食之，以平其心”。五味食物通过调节五脏的阴阳平衡，同时滋养人体，对人类的健康有重要的意义，这也是人们经过世代实践得出的真理。

6.3.2 食物五味 *vs.* 人体五脏

食物五味是指酸、甜、苦、辣和咸，人体五脏是指肝脏（图 6-13）、脾脏（图 6-14）、心脏（图 6-15）、肺脏（图 6-16）和肾脏（图 6-17）。据记载，食物的酸味有利于增强肝功能；甜味有利于增强脾脏功能；苦味有利于增强心脏功能；辣味有助于增强肺功能；咸味可以增强肾功能。但是在食物的选择上，五味调和最好，最有利于健康，如果味道太偏，可能引起疾病。例如，在生活中饮食太酸容易导致肝脏气太浓，从而影响脾胃功能；食用太多苦味食物很容易导致过度心火，从而抑制肺气；太甜的饮食容易引起脾胃反应强烈，抑制肾脏气；太辣的饮食很容易导致肺气过盛，抑制肝脏气；过咸的饮食容易引起过度的肾脏气而克制心气。由此可见，五味平衡，利于健康。

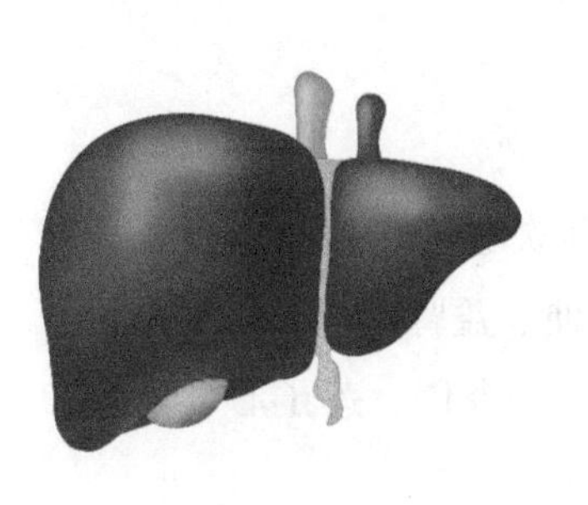

图 6-13 肝脏

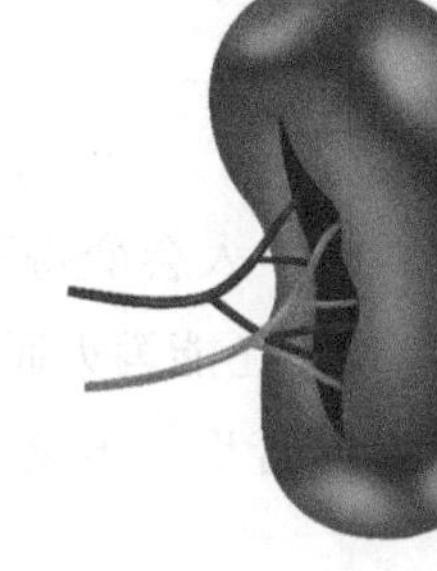

图 6-14 脾脏

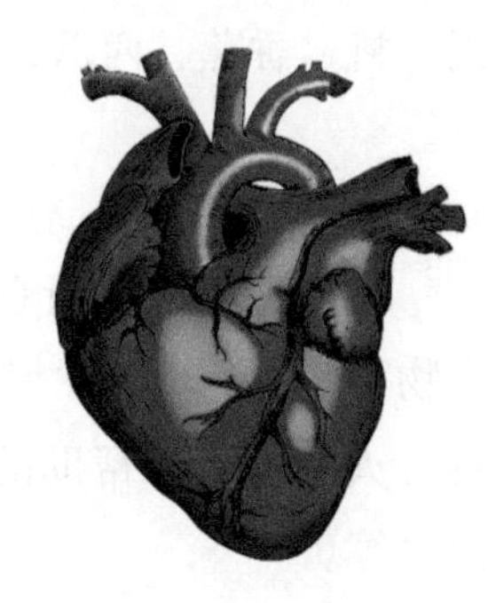

图 6-15 心脏

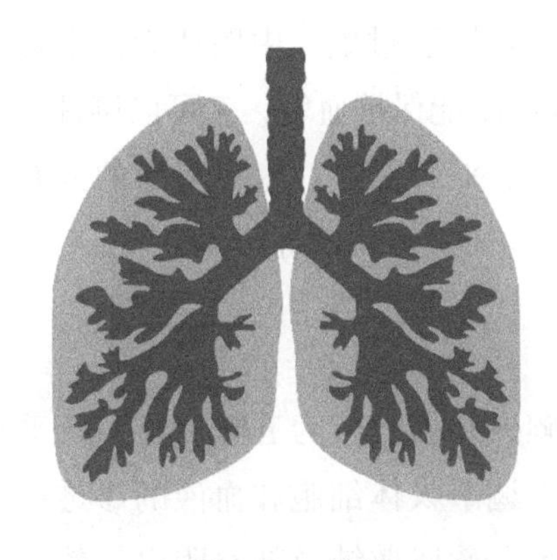

图 6-16 肺脏

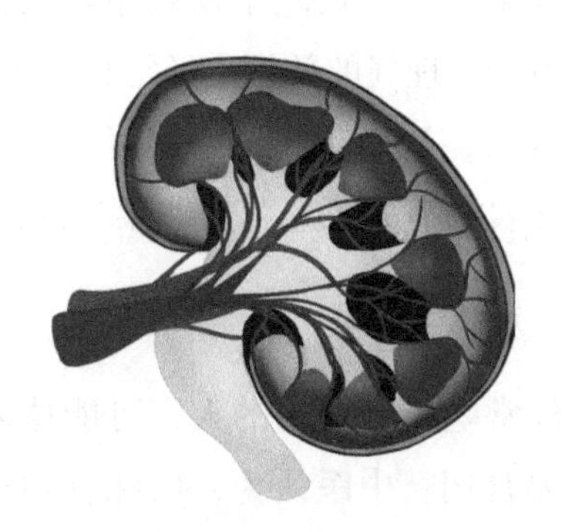

图 6-17 肾脏

1. 酸味入肝脏

因酸味入肝，所以肝脏功能和胆道功能不好的人相对喜好酸味食物。吃酸味食物不仅开胃，还能增强肝功能，而且对于钙和磷的吸收也有益处。经常摄入酸味食物不仅有助于消化，能杀死胃肠道病菌，还具有预防感冒、降低血压、软化血管等益处。一般来说，肝虚者可以适当多吃点醋、橘子、葡萄、柠檬、石榴等酸味食物。

2. 甜味入脾脏

甜与脾脏关系密切，如果有人突然喜欢吃甜味食物，可能是脾脏功能减弱的表现。食用甜味食物不仅能调和脾胃、补热量、养气血，而且可以缓解疲劳、解除毒素等。一般来说，对脾虚者有帮助的甜味食物有：蜂蜜、苹果、

梨、桃、香蕉、西瓜、红薯、山药、南瓜等。

3. 苦味入心脏

因苦味入心，当心脏机能虚弱时，人会变得喜欢吃苦味食物。摄入苦味食物不仅有利于解除燥湿、清热解毒，还能泻火通便、益肾利尿。一般来说，对心火旺盛者有帮助的苦味食物有：苦瓜、苦菜、苦杏仁、莲子心、百合、白果等。

4. 辣味入肺脏

如果有人喜欢吃辛辣刺激食物，则表示肺脏过虚。中医认为，辛辣食物具有发汗、理气的效用，经常食用辣味食物既能保护血管，又可以调理气血、疏通经络，还能预防风寒感冒。一般来说，对肺虚寒、气血阻滞的人有帮助的辣味食物有：葱、蒜、韭菜、辣椒、姜、胡椒、花椒等。

5. 咸味入肾脏

经常吃咸味食物的人，可能体内缺碘或肾虚。咸为五味之首，几乎每顿饭都要食用。中医认为，咸味食物不但能调节人体细胞和血液的渗透压，维持人体正常新陈代谢，而且具有利尿泻下、软坚散结及补益阴血等效用。一般来说，对肾虚者有帮助的咸味食物有：苋菜、紫菜、海带、海藻、海蜇、海参、螃蟹等。

在中国的传统文化中，“和”是人们追求的最高境界，而这种“和谐”思想也是中华民族精神的重要组成部分[5]，体现在很多方面。例如，在人与自然相处时追求“天人合一”；在处理国家、民族关系时追求“协和万邦”；在人与人相处时追求“以和为贵”；在个体身心方面追求“神形合一”；而在烹饪中注重“五味调和”。“和”是一种精神、一种追求、一种状态、一种境界、一种政治智慧、一种人文关怀、一种道德诉求、一种理想境界。在生活中，追求和谐，崇尚和美，会让生活更加美好。

参考文献

[1] 袁璐 . 芳烷基酮类化合物的制备与应用研究 [D]. 广州：华南理工大学，2014.

[2] 王成忠，任慧贤 . 食品风味化学进展 [J]. 中国调味品，2011，5(36)：8-11.

[3] 丁玲芳，高礼奇 . 舌尖上的化学 [J]. 中学化学，2014，8：10-11.

[4] 史修竹 . 五味调和的审美功能研究 [D]. 无锡：江南大学，2010.

[5] 邓元元 . 对外汉语教学中常用烹饪动词的对比研究及教学探讨 [D]. 成都：四川师范大学，2014.

图片来源

封面图、图 6-1、图 6-3、图 6-5、图 6-7、图 6-11、图 6-12　https：//www.pexels.com/zh-cn/

图 6-2　丁文龙，刘学政 . 系统解剖学 . 9 版 [M]. 北京：人民卫生出版社，2018.

图 6-4　王璋 . 食品化学 [M]. 北京：中国轻工业出版社，2009.

图 6-9、图 6-13~ 图 6-17　https：//pixabay.com

7　与咖啡的美丽邂逅

 7.1　初相遇·境中问“化” 

当第一粒咖啡豆被采摘、烘焙、研磨，冲泡出醇香飘逸的热咖啡时，这个被誉为最浪漫的发明开始在全世界蔓延。暖暖的午后，慵懒的阳光，人的身心也舒展开来，不妨约上知心好友，噢！不，或许一个人也是好的，走进街头拐角处的咖啡店，点上一杯卡布奇诺或者黑咖啡，在袅袅的香气中，在唇齿间的苦涩中，一场与咖啡有关的美妙相遇就此缓缓拉开帷幕……

7.2 慢相识·“化”园寻理

7.2.1 缱绻咖啡里的香气

“咖啡”一词源自希腊语“Kaweh”，意思是“力量与热情”，是用经过烘焙的咖啡豆研磨、烹煮而成的饮料。有人说：“人们爱喝咖啡并不是因为它有好的营养价值或保健功能，而是咖啡除了有那么一点儿兴奋作用之外，其风味也比较独特。”而在咖啡的风味中，其香气是吸引人的重要特性，正如咖啡的广告语——“滴滴香浓，意犹未尽”。

咖啡的香味到底来自哪里？
为什么能如此撩拨我们的嗅觉神经呢？

随着咖啡豆慢慢地被研磨成粉，轻轻闭上眼，然后深呼吸，这时候萦绕在鼻尖的是水果的芳香、馥郁的花香，还有咖啡独特的香气。如果说咖啡豆是一座蕴藏着一千多种风味物质的宝库，那么烘焙就是打开这座宝库的秘钥，释放出住在咖啡豆中的芳香精灵。简单的烘焙却能将平凡的、充斥着浓浓生草味的生咖啡豆（图 7-1）实现华丽的转身，这里面蕴藏着什么化学原理呢？

图 7-1　生咖啡豆

7.2.2 咖啡豆烘焙过程中的化学反应

咖啡豆在烘焙过程中发生很多化学变化，伴随反应，受热的咖啡像精灵

图 7-2　蜂蜜厚多士面包

一样释放出独特的香气。在这些化学变化中，最重要的莫过于焦糖化反应和美拉德反应[1]。这两种反应在生活中应用非常广泛。例如，在红烧肉中加点糖，炖肉时整个厨房都肉香四溢；在面包上刷点蜂蜜，烤出来的面包又香又脆（图 7-2）。这些烹饪小窍门背后都与这两个化学反应有关。首先介绍美拉德反应。

美拉德反应是指在烹饪过程中的还原糖（食物本身的糖或烹饪加入的糖）与食物中的氨基酸发生的一系列复杂的化学反应（图 7-3 为美拉德反应的初级阶段），1912 年由法国化学家美拉德（L. C. Maillard）发现，因此人们将此反应称为美拉德反应或非酶褐变反应。这类化学反应在进行过程中，生成并释放成百上千个不同气味的中间体及棕黑色的大分子物质（类黑精或拟黑素），是加工食品色泽和浓郁芳香的各种风味的主要来源，为食品提供可口的风味和诱人的色泽。以红烧肉为例，其成败的关键就在于糖的用量及温度的控制，这两个因素控制得好，美拉德反应的产物好，红烧肉就会好吃。

D-葡萄糖 $\underset{-H_2O\text{ 亲核加成}}{\overset{+R-NH_2}{\rightleftharpoons}}$ 席夫碱 $\overset{\text{亲核加成}}{\rightleftharpoons}$ 氮代葡萄糖基胺

$\overset{H^+\text{开环}}{\rightleftharpoons}$ （亚胺正离子，$H-C=\overset{+}{N}HR$） $\underset{-H^+}{\overset{\text{分子重排}}{\rightleftharpoons}}$ 烯醇式果糖胺 $\overset{\text{分子重排}}{\rightleftharpoons}$

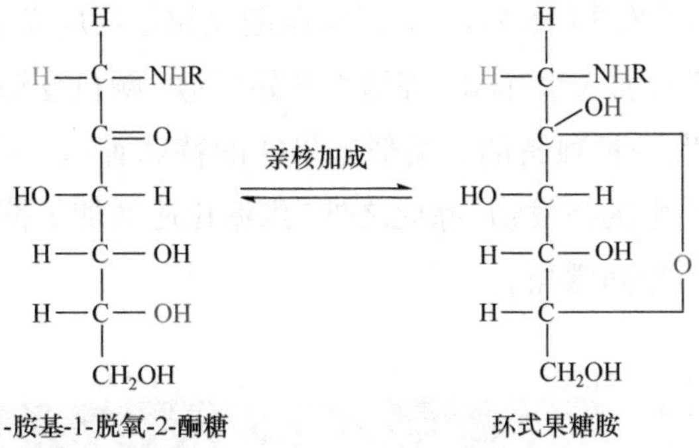

亲核加成

1-胺基-1-脱氧-2-酮糖　　环式果糖胺

图 7-3　美拉德反应的初级阶段

除了肉类，面点类也会发生美拉德反应。如果在面包表面刷薄薄一层蜂蜜，或者涂上花生酱再烤，烤过的面包闻上去就会很香。这些“涂料”不仅本身带有香味，同时也能促进更多更快的美拉德反应，从而使面包的味道大大升级。

但美拉德反应是一把“双刃剑”。一方面，从营养学角度看，该反应使食物中的有效成分（如氨基酸类和糖类）部分损失并引起食品的褐变等现象，最终导致食品营养价值降低；另一方面，从反应过程可见，美拉德反应产生了醛、杂环胺等有害的中间产物，这些成分对食品的安全构成极大的隐患。

揭秘红烧肉

红烧肉是中华美食中的一道经典名菜，其口感肥而不腻、软糯香甜，是老少皆宜的美食。有经验的厨师会告诉你，红烧肉要想做得好，最关键的是糖的用量及温度的控制，这两个因素控制得好，美拉德反应的产物好，红烧肉也就做得好。在反应过程中，肉中的氨基酸和糖类相互作用，生成还原酮、酯、醛和杂环化合物等挥发物——这是让人们垂涎欲滴的根源。这些释放出来的一系列化合物有各自独特的味道：二乙酰有黄油味，呋喃类有坚果味，乙醛有淡淡酒香，乙酸异戊酯有香蕉味，邻氨基苯甲酸甲酯有葡萄味，柠檬烯有橘子味，乙癸二烯有梨味，己酸甲酯有菠萝味，乙基香兰素有香草味……人们闻到和尝到的“肉香”，其实就是这些味道分子的不同组合。

焦糖化反应是美拉德反应之后的第二步棕色反应，它与美拉德反应的主要区别是：焦糖化靠糖和水就能完成，没有氨基酸参与。焦糖化反应一般在

130~170℃的条件下发生(图7-4),并时常跟随美拉德反应发生。人们常说的“炒糖色”就是在炒菜时加入水和糖，等糖水开始冒泡、颜色变深且黏稠时再放肉，这样整道菜会产生一种独特的、类似坚果味的特殊香味。这种香味来自于焦糖化反应过程中产生的挥发物。除此之外，焦糖化还增加了糖的黏度和可塑性，让菜品看上去更加光润漂亮。

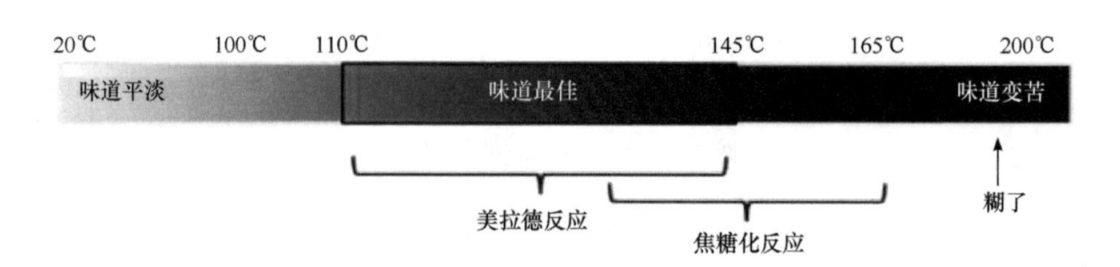

图 7-4 烹饪中的温度与化学变化

除此之外，糖葫芦、巧克力、焦糖布丁的制作也都用到了焦糖化反应。例如，在制作糖葫芦的过程中，水可以使糖类加热得更为均匀，防止烧焦，也能促进焦糖化反应较快发生。法式焦糖布丁上面有一层又香又脆又甜的糖皮，也是甜点师傅用酒精喷枪迅速熔化布丁表面的一层砂糖，促进其焦糖化形成的。

7.3 深相知·“化”出健康

咖啡与可可、茶同为目前流行于世界的三大饮料，颇受爱时尚的年轻人及上班族的钟爱。问起缘由，不外乎方便快捷、提神效果好之类的答案。咖啡的提神功能到底是提升人的精力，还是预支人的精力，之后需要更长的时间去恢复呢？要想解开这些疑惑，就需要从咖啡中最引人注目的成分——咖啡因说起。

7.3.1 咖啡因——提神的奥秘所在

风味是咖啡的灵魂，而咖啡风味中的最大特点——苦味，就是咖啡因造成的。咖啡因是一种生物碱，最早在1821年从咖啡中分离得到，但其实这种

物质并非咖啡独有。在茶、巧克力、软饮料、可乐和其他功能性饮料中也能发现它的踪迹，只是在这些饮料中的咖啡因含量较低，平均而言，两杯茶中所含的咖啡因相当于一杯咖啡所含的量（表 7-1）。

表 7-1　咖啡因的自我介绍

中文名称	咖啡因
英文名称	caffeine
化学名称	1,3,7- 三甲基黄嘌呤
分子式	$C_8H_{10}N_4O_2$
外貌特征	白色、粉末状固体
内涵	苦
“魔性”本领	刺激中枢神经，具有成瘾性
家族来源	咖啡豆，茶叶

人类的行为是在大脑这个“高级指挥官”发出的一系列指令下完成的，如睡眠、运动、思考等。要想揭开咖啡因扰乱人原本的生物钟并使人兴奋的面纱，就不得不先从咖啡因对大脑的影响说起。

知识链接

在初中的生物课中，我们学习过神经细胞——神经元的结构（图7-5）。人的大脑中有无数的神经元并主管人的不同行为，虽然这些神经元形态多种多样，但都可以分为细胞体和突起两部分。其中，突起又分为树突和轴突两种。树突，顾名思义，形状多呈树枝状分支，主要接受刺激并将冲动传向细胞体；轴突呈细索状，就像一个个铁环连接在一起形成的铁链。轴突末端常有分支，称为神经末梢。通常一个神经元有一个至多个树突，但轴突只有一条。轴突将冲动从细胞体传向末梢。尽管两个神经元之间的距离非常接近，但它们并不是直接接触的，中间留有非常小的空隙，称为突触。接受到的外来刺激或神经冲动以微电流的形式在神经元内部传送，到达突触内部，便激发了一些小的分子——神经递质的释放（图7-6）。神经递质作用于受体细胞（指接受神经冲动的神经元），从而对它产生激发或抑制作用。

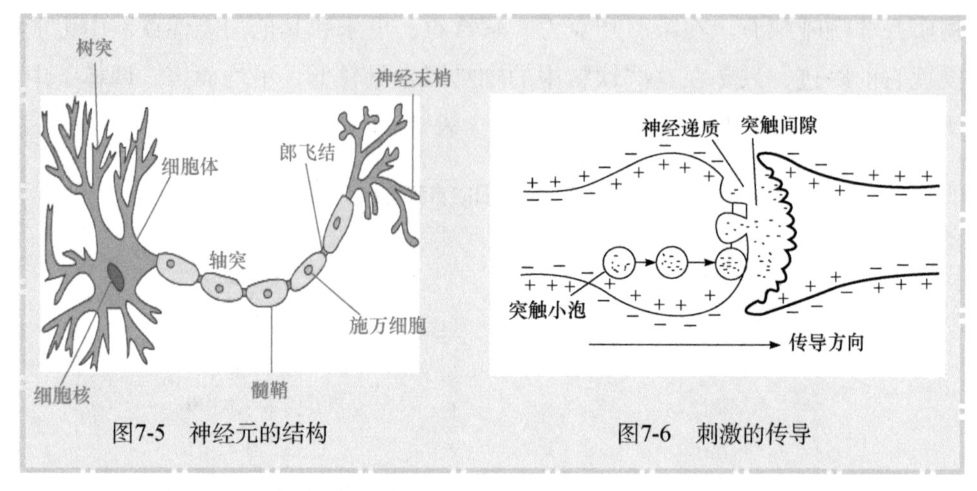

图7-5 神经元的结构

图7-6 刺激的传导

为方便理解，可以设想身体里面有很多开关，不同的开关控制与之相对应的不同反应。当受到刺激时，大脑根据刺激种类的不同产生不同的信号分子，打开开关，反应被启动，从而实现对人体行动的调控。反应开关控制的关键在于受体与配体——受体如同其独特的“锁”，而配体（信号分子）便是“钥匙”（图 7-7）。当受体和配体能够识别配对时，就像锁找到了对应的钥匙，反应就启动了。

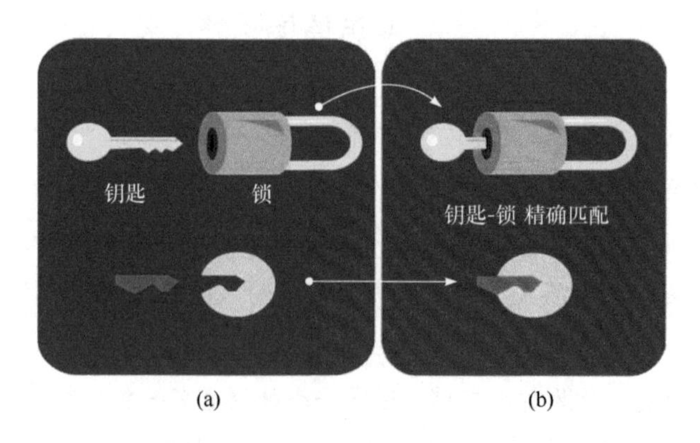

图 7-7 受体和配体的“锁匙”模型

腺苷和腺苷受体的结合是很多反应的开关，如睡眠、学习、记忆、抑郁等，这里只介绍睡眠时发生的反应。当人体觉得很累想休息时，大脑中的腺苷经过传导与腺苷受体相结合，因为腺苷是机体调节睡眠的内稳态因子，结合之后会产生各种反应，于是神经细胞的活动减弱，各个器官也都变得懒洋洋的，

也就是平时所说的睡意来袭。当人体摄入咖啡因时，由于咖啡因与腺苷的结构非常类似，也可以与腺苷受体结合，但是却不会启动身体的反应（称为腺苷的抑制剂或受体拮抗剂），咖啡因会优先占据所有的腺苷受体，使腺苷无法与腺苷受体正常结合。此时，即便身体很疲倦，想发送信号到大脑申请休息，但腺苷受体没有结合腺苷，细胞没有办法感知到腺苷，因此大脑暂时收不到“需要休息”的信号，只能一直努力地辛苦工作。这就是在该睡觉的时候，人体因为咖啡因的摄入并不会产生睡意的原因，当然也就是咖啡提神的奥秘所在（图 7-8）。

资料卡片

腺苷与腺苷受体

腺苷：细胞生物学名词，在大脑内部不同类型细胞中形成，是一种遍布人体细胞的内源性核苷，对心血管系统和机体的许多其他系统及组织均有生理作用，同时也是一种抑制性神经传导物，是目前得到公认的睡眠调节因子。

腺苷受体：与腺苷进行结合的物质，腺苷受体有多种（A1、A2A、A2B、A3 等），不同的受体功能不同。腺苷主要与 A1、A2A 受体进行结合，从而来调节人的睡眠与觉醒。

图 7-8　咖啡因提神的奥秘

7.3.2　咖啡因——预支你的精力

虽然咖啡因这个 “破坏分子”的强势入侵使得腺苷“无处可去”，但是这并不意味着腺苷就要任人宰割、自生自灭，相反腺苷是在暗蓄力量，准备反扑呢！大量的腺苷由于无法正常结合，只能在人体内积聚，在咖啡因代谢之后（4h 内），过去的 4h 内积累的腺苷几乎占据所有的腺苷受体，大量的睡眠信号一下子全部涌过来，会使人产生更加疲累的感觉，甚至会诱发焦虑和抑郁。因此，咖啡因只是相当于把保持清醒这段时间内的疲劳感暂时存起来，积累到一定程度后再一起释放出来，即咖啡只是在预支或者透支人的精力，并不是提升精力，之后人们需要更长的时间去恢复。

除此之外，咖啡因阻断了腺苷的传递，使得大脑中神经元的放电随之增加。这时脑下垂体感知到神经元的这种兴奋，以为机体出现了紧急状况，于是赶紧“调兵遣将”，刺激肾上腺产生肾上腺素。这种激素会使人体心跳加快，血压上升，肌肉紧张，这也是一部分人喝完咖啡后觉得不舒服的原因。

最后谈谈咖啡的“上瘾”现象。咖啡因是一种中枢神经兴奋剂，在北美地区是最常用的精神活性药物，可卡因、苯丙胺等都属于此类药物，频繁的滥用很容易导致不健康的咖啡因依赖，即咖啡因成瘾。其症状包括失眠、易怒、食欲下降和心率加快等。有咖啡上瘾症状的人每天喝15~20杯咖啡，但习惯上认为，一天喝2.5杯咖啡（或相同剂量的替代品）就很容易产生健康问题及上瘾症状，最常见的就是停止饮用后会出现头痛症状。

因此，为了保持身体健康，最重要的是要有充分的睡眠时间，而不能靠大量服用咖啡或咖啡因片来提神，这样无异于饮鸩止渴。对于工作很忙，没有那么多时间睡觉，不得不靠咖啡因提神的人来说，现介绍另一种提神的方法——达·芬奇睡眠法，可以把对身体的伤害降到最低。研究证明，人类的睡眠受昼夜节律调控，精细的调控使睡眠觉醒有规律地交替转换，以确保机体获得适当的休息，当这一内在平衡状态被打破后，就会启动另一稳态机制进行调节。例如，当你突然面临加班需要熬夜时，虽然睡眠时间较平时有压缩，但深度睡眠时间较平时会延长，可能4h的时间抵得上平时6h的睡眠时间，以促进机体的恢复。从这个角度看，达·芬奇睡眠法是有一定科学依据的，可

健康贴士

达·芬奇睡眠法

达·芬奇睡眠法，其名称来源于伟大的画家达·芬奇，相传他是一位刻苦勤勉、惜时如金的人。达·芬奇每隔4h睡15～20min，这样一天下来只睡2h左右，从而将余下的大把时间从事创作，并能保持充沛的精力。

以用来作为特殊情况下身体的紧急补救措施，但是不建议平时也效仿，毕竟15min 的时间对大多数人来说还是难以很快进入睡眠状态。

通过本章的学习，你对咖啡了解多少呢？其实生活何尝不像一杯咖啡呢？人生可能会经历挫折、磨难、失败与痛苦，但正是在这样的苦痛中，我们不断进步，最终涅槃重生！不怕眼前的苦，才能纵享人生的甘甜！愿读这篇文章的你都能品尝人生的甜蜜……

参考文献

[1] 曾凡逵 . 咖啡风味化学 [M]. 广州：暨南大学出版社，2014.

图片来源

封面图、图 7-1、图 7-2、图 7-4~ 图 7-8　https：//pixabay.com

8 聆听软饮料的“低语呢喃”

8.1 初相遇·境中问“化”

炎炎夏日，热浪让人无处可逃时，清凉激爽的感觉最让人惬意和留恋，于是超市冰柜里各种各样的冰镇饮品成了畅销款，其种类之多、名目之繁让人眼花缭乱。而在这其中，最受消费者尤其是年轻人喜爱的莫过于碳酸饮料了，轻轻一摇，就有无数个调皮的小气泡冒出来跟你打招呼，轻抿一口，凉凉的、甜甜的，让人暂且忘了夏日的烦恼！到底什么是碳酸饮料？又是什么造就了它酸爽的口感呢？

8.2 慢相识·“化”园寻理

8.2.1 饮料里的“泡泡王国”

碳酸饮料是指在一定条件下将二氧化碳气体和各种不同的香料、水分、糖浆、色素等混合而成的气泡式软饮料，主要成分包括碳酸、水、酸味剂、甜味剂、色素、香料等[1]。

图 8-1 会“冒泡”的碳酸饮料

人们在喝碳酸饮料时会发现，瓶子里常有许多小气泡冒出（图 8-1）。这是什么原因？

这些小气泡是溶解于饮料中的二氧化碳气体。碳酸饮料中的“碳酸”二字即是指二氧化碳溶于水而生成酸性较弱的碳酸，它很不稳定，容易分解成二氧化碳和水（图 8-2）。打开瓶盖后，无数“泡泡小精灵”争先恐后地从瓶中挤出，这是因为二氧化碳气体在饮料中的溶解度下降。

看到这里，你是否会有疑问，这些调皮的小泡泡在饮料中的溶解度又与哪些因素有关呢？让我们一起来揭开“泡泡精灵”的秘密吧！

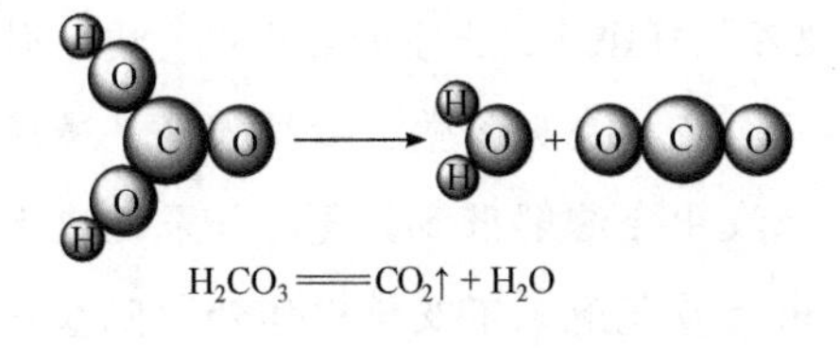

$$H_2CO_3 = CO_2\uparrow + H_2O$$

图 8-2 碳酸的分解原理

8.2.2 “泡泡精灵”的秘密

首先，压强对气体溶解度有很大的影响。工厂在加工制造碳酸饮料时，就是通过加压的方法增加糖水中二氧化碳的溶解度，每平方英寸的压力大约60磅（4.22kg/cm^2），从而将二氧化碳气体压入其中。在这种压力下，二氧化碳大量溶解于液体中，进而产生碳酸（H_2CO_3）。打开瓶盖之前，瓶内的压强比瓶外大，打开瓶盖后，瓶内压强变小，二氧化碳被释放出来，化身可爱的“泡泡精灵”浮出水面，同时发出“滋滋”的热闹声响，好像在诉说它们的秘密。另外，摇晃碳酸饮料的瓶罐后气泡冒得尤其快，这是因为剧烈摇晃时饮料液体的内部压强也会减小，压强越小，气体析出越快。

资料卡片

啤酒花

啤酒倒进杯子里也会产生许多泡沫，这种泡沫称为“啤酒花”。啤酒花也与二氧化碳气体有关，啤酒产生泡沫的原理与碳酸饮料产生气泡的原理相同，不过啤酒并不属于碳酸饮料。

潜水减压病

气体的溶解度与压强成正比，这在自然现象中也有诸多体现。爱好潜水的人一定听说过“潜水减压病”。“潜水减压病”指的是潜水员在水下（高气压）停留一定时间后回到水面（常压）过程中，组织和血液中形成气泡而引起的一种疾病。有时皮肤出现瘙疹或“大理石”样斑块，严重的会出现气哽，引起心血管机能障碍和低血容量性休克，甚至会突然丧失知觉、心搏骤停，造成猝死。这是因为深潜时，由于水压很大，血液中会溶解很多氮气。如果迅速上升，氮气溶解度迅速减小，血液中突然冒出大量气泡来不及排出体外，阻塞在血管中，这就是逆向栓塞。轻则导致疼痛，重则关节肌肉坏死，甚至危及生命。

此外，气体在水中的溶解度还与温度息息相关。在不少人心中，汽水与冰镇简直就是绝佳搭档，那冰冰凉、甜丝丝的口感真是太过瘾了！这是因为冰镇之后的汽水气泡更多，让人感觉更加刺激（图8-3）。为什么冰冻的汽水气泡更多呢？这是因为气体溶解度受温度影响较大，温度越低，气体的溶解度越大。以二氧化碳气体为例，常压下，20℃时，1L水可以溶解0.88L二氧化碳；而在0℃时，1L水能溶解的二氧化碳体积达到1.71L。

图8-3　冰镇碳酸饮料

为什么冰镇碳酸饮料令人感觉更解渴？除了冰镇本身给人以舒爽的清凉感外，还有一个原因。人们在饮用汽水时，二氧化碳也随之进入人体。由于人体内温度较高，在这种温度较高的环境下，二氧化碳从饮料中析出。二氧化碳不会被身体吸收，而是从口腔排出，产生刺激感并带走人体热量，从而给饮用者带来清凉感[2]。研究表明，舌头及食道的温度降低时，可以抑制口渴的感觉。

但值得注意的是，冰镇碳酸饮料只是给人更解渴的感觉而已，止渴效果并不好。任何饮料都不如白开水解渴。因此，虽然炎炎夏日中来一瓶冰凉的碳酸饮料很是舒爽，但是如果以解渴为目的，还是首选白开水为宜。

资料卡片

大自然中的“汽水”

大自然之中也有“汽水”。火山附近一般有温泉，温泉中的水和汽水一样都含有很多二氧化碳。因为地下水受到高压，二氧化碳、硫化氢等物质溶解在里面。当地下的水喷到地面上时，就好像打开汽水瓶子一样，会出现冒泡的现象，和“汽水”一样。

8.3 深相知·“化”出健康

8.3.1 饮料与酒的热门组合

近来在聚会中兴起了一股“混搭风”，人们在饮酒时总爱搭配不同的饮料，因此出现了不少酒与饮料的热门组合，还有五花八门的鸡尾酒等（图 8-4）。不同的饮料与不同的酒搭配，也混合出不同的奇妙口感，而且许多人相信，饮料兑酒具有缓解酒醉的效果。然而也有人提出质疑：不同的酒混着喝容易喝醉，那么用不含乙醇的软饮料与酒勾兑呢？

图 8-4　鸡尾酒

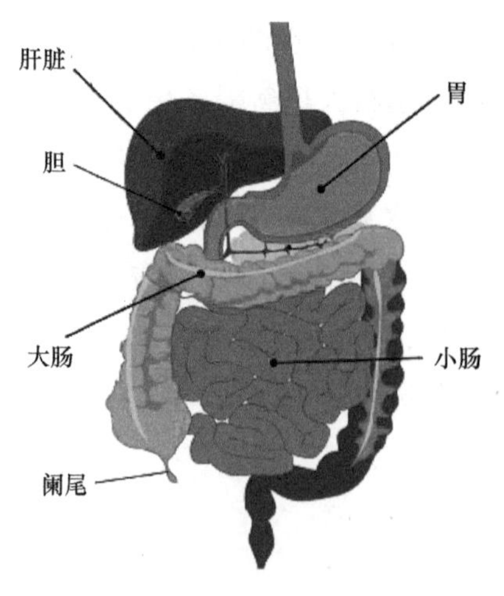

图 8-5　人体消化系统

究竟饮料兑酒是稀释了酒，还是真的能够缓解酒醉呢？要弄明白这个问题，就得弄清楚饮料对酒在体内的吸收、分布、代谢、排泄等过程有何影响[3]。

首先来看饮料对乙醇吸收的影响。饮酒后，乙醇慢慢地经胃壁或小肠吸收进入血液（图 8-5）。在这个过程中，若能延缓乙醇吸收，就可以延缓醉酒。例如，喝酒前先吃点东西垫底——胃内有食物时，乙醇与胃黏膜的接触减慢，能减少乙醇的渗透吸收。

因此，同样的速度，饮用非乙醇饮料勾兑过的酒，在一定程度上也能延缓乙醇的吸收。但如果用碳酸饮料勾兑就需要当心了，由于它富含二氧化碳，一旦二氧化碳从中溢出就会造成胃部胀气，增加胃吸收乙醇的面积；且二氧化碳还可以加快乙醇进入小肠的速度，促进小肠对乙醇的吸收，所以勾兑碳酸饮料的酒更容易出现醉酒[4]。

接下来看饮料对乙醇分布的影响。乙醇一旦进入血液，就会随着血液循环进入人体各组织。由于乙醇具有很强的脂溶性，容易通过血脑屏障。通常情况下，乙醇在血液中的含量越高，其进入大脑的速率越快，流入大脑的乙醇量就越多，直到二者大致持平。而二氧化碳和乙醇一样，也是通过扩散作用而突破血脑屏障，但它并不影响乙醇进入血脑屏障的速率。因此，在这个环节，饮用碳酸饮料勾兑的酒，不但不会提升乙醇进入大脑的速率，反而会因酒被稀释而减缓这个过程[5]。

拓展阅读

什么是血脑屏障?

血脑屏障是指脑毛细血管壁与神经胶质细胞形成的血浆与脑细胞之间的屏障和由脉络丛形成的血浆和脑脊液之间的屏障，这些屏障能够阻止某些物质（多半是有害的）由血液进入脑组织。这种有选择性的通透现象使人们设想可能有限制溶质透过的某种结构存在，这种结构可使脑组织少受甚至不受循环血液中有害物质的损害，从而保持脑组织内环境的基本稳定，对维持中枢神经系统正常生理状态具有重要的生物学意义。

饮料对乙醇代谢、排泄有何影响？在人体内，90% 的乙醇由肝脏内的酶代谢，而这些乙醇代谢酶的量基本稳定，不受外界因素影响。从这个角度来说，是否加饮料并不会影响人体代谢乙醇的能力。但剩余 10% 左右的乙醇会以原形的形式经汗液、尿液或呼吸作用排出体外。勾兑了软饮料的酒含有大量水分，会加速排尿的速度，因此有利于乙醇的排泄。

综上所述，吸收、代谢、排泄等生理过程都可能因软饮料的摄入而产生一定影响。当摄入碳酸饮料时，其中含有的大量二氧化碳会造成胃部膨胀、加速肠道蠕动，进而加速乙醇吸收，更容易造成醉酒。当摄入非碳酸饮料时，则会起到稀释作用而降低乙醇浓度，从而延缓对乙醇的吸收；而摄入的大量水分也会加速乙醇的排泄[6]，因此能够防止醉酒。值得注意的是，低乙醇度的混合型饮料容易让人过度饮用，一旦乙醇累积到一定量时也会醉酒。即便不醉，大量乙醇也会影响脂肪在肝脏的代谢[7]，造成脂肪累积，容易引发高脂血症、脂肪肝等疾病，长此以往，将造成更严重的肝硬化。

生活之道

吃肉、喝牛奶时切勿喝碳酸饮料

研究表明[8]：肉类物质虽然本身含钙量低，但含有相当多的“成酸元素”（如磷、硫、氯等）。这些元素进入体内，会使血液呈现酸性，并与体内的钙离子结合形成难溶物，造成钙的流失。

牛奶等钙制品中的钙离子会与碳酸饮料中的碳酸反应生成难溶于水的碳酸钙，其反应方程式如下：

$$Ca^{2+} + H_2CO_3 = 2H^+ + CaCO_3\downarrow$$

这不仅使人体无法吸收钙元素，而且还会加重肠胃负担，甚至形成结石。因此，吃肉、喝牛奶时切勿喝碳酸饮料，否则会影响身体健康。

看到这里，大家应该已经明白，酒和饮料都是不宜多喝的！其实，无论是与酒同饮还是单独饮用，碳酸饮料都会对人们的健康产生不小的危害。下面就来看看它究竟对人们有何影响。

8.3.2 与人体健康相爱相杀的碳酸饮料

碳酸饮料种类繁多，发展迅速，因其清凉解渴的功效受到人们的青睐，在一定程度上也满足了人们解渴和补充营养成分等需求。但是，大量饮用碳酸饮料会对人体健康产生负面影响，如诱发消化系统和心血管系统疾病，损伤肾脏或牙龈，导致骨质疏松、结石等疾病[9-15]（图 8-6）。

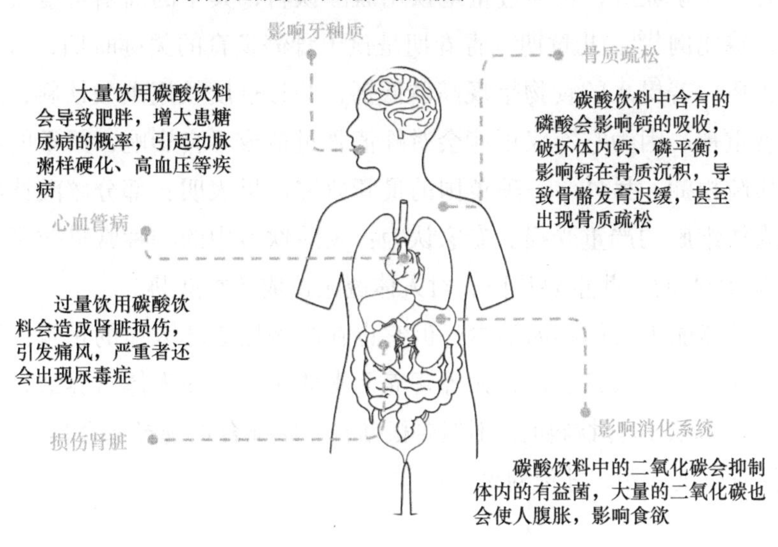

碳酸饮料会直接酸蚀牙齿表面，同时其中的可发酵糖经过微生物发酵会产生酸，这两种情况都会破坏牙齿，引发龋齿
影响牙釉质
骨质疏松
大量饮用碳酸饮料会导致肥胖，增大患糖尿病的概率，引起动脉粥样硬化、高血压等疾病
碳酸饮料中含有的磷酸会影响钙的吸收，破坏体内钙、磷平衡，影响钙在骨质沉积，导致骨骼发育迟缓，甚至出现骨质疏松
心血管病
过量饮用碳酸饮料会造成肾脏损伤，引发痛风，严重者还会出现尿毒症
影响消化系统
损伤肾脏
碳酸饮料中的二氧化碳会抑制体内的有益菌，大量的二氧化碳也会使人腹胀，影响食欲

图 8-6　碳酸饮料对人体的危害

大量研究表明，如果经常喝碳酸饮料、果茶、果蔬汁饮料、运动饮料等，会刺激人的胃黏膜、冲淡胃液、影响食物消化与吸收，还会加重肝、肾等脏器的负荷，使人体免疫力下降，甚至可能出现呼吸系统、消化系统及其他系统感染；如果长期饮用含咖啡的饮料，儿童将出现厌食、呕吐、腹痛、腹泻、消瘦、乏力等症状，严重者会患“冰箱病”；高血压患者喝运动饮料会使血压升高，糖尿病患者如果喝含有丰富的纤维型葡萄糖的运动饮料会引起短暂血糖升高等，引发相关疾病；如果剧烈运动后饮用冷饮料，会引起胃急剧收缩，导致身体

知识链接

“冰箱病”是指人吃了存放在冰箱中的食物，引起腹泻或肠胃疾病等不良反应。

受到污染的食物、水源经消化道传播，也可能通过接触而受到感染。常见的污染源如大肠埃希菌、金黄色葡萄球菌，最容易污染瓜果、蔬菜、鱼类和乳制品。如果食用这些食品时未完全加热，就很容易引起冰箱肠炎，导致腹痛、腹泻、呕吐等病症。

冰箱病以小儿多见，主要症状是腹痛、腹泻和发热，因此有婴幼儿的家庭应格外重视冰箱病的预防。

不适等。

同时，专家提醒，长期过量地饮用碳酸饮料，其中的高磷可能会影响人体的钙、磷比例[16]。儿童期、青春期是孩子骨骼发育的关键时期，需要摄入足量的钙质。若摄入的食物呈现高磷低钙，并且过度饮用碳酸饮料，就应当引起高度重视。因为它不仅可能会对峰值骨量造成不良影响，严重的还可能导致骨质疏松症。另外，一项英国的最新研究成果表明：部分碳酸饮料可能会造成人体细胞的严重受损。专家认为：碳酸饮料中的一种常见防腐剂能够破坏人体 DNA 的一些重要片段，对人体健康造成严重威胁。

饮料虽然能为人们解渴消暑，但它也在缓慢地破坏人体的正常代谢，诱发胃肠道疾病，导致钙、铁、铜等营养元素的流失而使人体营养缺乏，危害人体健康。因此，选择饮料时，不但要根据身体状况合理选择适合自己的饮料，还需要注意适度饮用，才能对健康有益。

参考文献

[1] 郑海英 . 利用微胶囊化提高牛乳免疫球蛋白稳定性的研究 [D]. 哈尔滨：东北农业大学，2000.

[2] 大闽食品（漳州）有限公司 . 一种高品质咖啡浓缩液的生产方法：中国，CN201610421797.1[P]. 2016-10-26.

[3] 宁榴贤，曾凡潘，吴兴达，等 . 磁处理党参药液对小肠平滑肌收缩活动影响的研究 [J]. 生物磁学，2004，4(3)：6-9.

[4] 饮料兑酒能防止喝醉吗 [J]. 恋爱·婚姻·家庭（青春版），2017，2：58.

[5] 盘点 2012 常见的“饮食谣言”[J]. 医药与保健，2012，20(12)：52-54.

[6] 子沐 . 夏夜大排档潜伏威胁健康的 4 大隐患 [J]. 自我保健，2013，7：24-25.

[7] 李子龙 . 蜕膜化过程中酒精代谢相关酶的调节及其与抵御酒精损伤的关系 [D]. 汕头：汕头大学，2017.

[8] 靳建平 . 吃肉时勿喝碳酸饮料以免钙质流失 [J]. 肉类工业，2012，(2)：4.

[9] 孙莲莲，李长春，姜忠敏，等 . 碳酸饮料对乳恒牙更替期牙齿健康的影响 [J]. 天津医药，2014，6：565-568.

[10] 马善恒 . 碳酸饮料对身体的危害 [J]. 中学生数理化（八年级物理），2017，7：86-87.

[11] 刘道燕 . 碳酸饮料与结石形成的关系 [J]. 养生保健指南，2017，22：293.

[12] 罗坤，毛华 . 碳酸饮料与心血管疾病发病风险的相关性 [J]. 中国现代医生，2016，54(9)：155-158，162.

[13] 王瑞 . 碳酸饮料与骨质疏松 [J]. 老年教育：长者家园，2012，10：55.

[14] 王英瑛，张清 . 碳酸饮料对离体牙釉质硬度的即刻影响 [J]. 北京口腔医学，2014，6：328-330.

[15] 任东 . 闲话碳酸饮料 [J]. 生态文化，2012，5：43.

[16] 管爽 . 山东省儿童青少年饮料消费现状及其影响因素分析 [D]. 济南：山东大学，2013.

图片来源

封面图、图 8-1、图 8-3~ 图 8-6　https：//pixabay.com

第三篇

生活清洁用品

9　不可不知的洁发秘密

9.1　初相遇·境中问“化”

在很多人眼中，结束了一天辛苦的工作和学习，如果能舒舒服服地洗个澡，再好好地将头发梳洗一番，一定十分惬意，这是个放松心情、舒缓压力的好方法。

工业革命之后科技发展迅速，如今人们的生活十分便捷，各种各样的洗发水层出不穷。在厂商的宣传中，洗发水添加的许多化学成分，使它们除拥有最基本的清洁功能外，更兼有护理、保养头发和头皮的效果。有了科技的加持，爱干净的人们要做到每天都沐浴梳洗是很简单的事情。去美容院做一下头皮、头发护理也是个不错的选择。但每天都沐浴这件事，对于古人来说就有点奢侈了，不知道有没有人好奇——在生活并不便利的古代，人们是怎么洗头发的呢（图 9-1）？

图 9-1　古代女子梳洗图

其实，想要知道古人是怎么清洁头发的，只要了解古代洗发水的由来和发展即可，不过在此之前，需要先知道什么是洗发水。

9.2　慢相识·“化”园寻理

洗发水，顾名思义就是洗发用的化妆洗涤用品，其中含有的表面活性剂是洗发水能完成清洁头发和头皮使命的头号功臣，同时也是洗发水产生丰富泡沫的来源。在洗发过程中，不但要求洗发产品能够去除油垢和头皮屑，而且不能损伤头发和刺激头皮，同时洗过的头发应柔软易梳理。

了解了洗发水的基本定义之后，我们来看看古代具备这种与现代洗发水相同功能的用品都有哪些。

9.2.1 洗发水的发展史

皂角

古人将皂角树结出的皂角（图9-2）磨成汁液，然后在洗头发时抹在头发上揉搓，再冲洗干净就可以了。皂角不仅可以用来洗头发，还可以清洗身体和洗衣服。

图9-2 皂角

木槿叶

古人采木槿叶（图9-3）剪碎，用纱布松松地包好，放入温水中用力搓揉，生出细腻的泡沫，与如今的洗发水十分相似。

图9-3 木槿叶

淘米水

古人将淘米水（图9-4）保存起来，放置几天就可以用来洗头。淘米水不仅能吸附头发中的污垢，起到去油污的作用，还能护理头发、头皮。

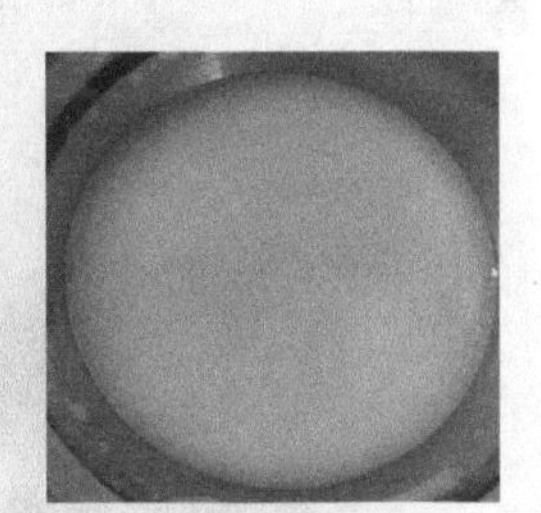

图9-4 淘米水

原始肥皂

原始肥皂是用草木灰、猪油加土碱制成的。草木灰（图9-5）即稻草、秸秆烧成灰，其中含有碳酸钾，溶于水后呈碱性，与油脂类物质混合可制成肥皂。

图9-5　草木灰

澡豆

澡豆（图9-6）是古代宫廷洗涤用的粉剂，以豆粉添加药粉制成，呈粉状的药制品。可用于洗手、洗面，能使皮肤滑润光洁，洗头时能带走头皮的污垢和油脂。

图9-6　澡豆

肥皂

明清时期，民间对澡豆做了改进，将砂糖、猪油、猪胰、香料等共混研磨并加热压制成型，称为“胰子”。动物胰脏中的生物酶能将猪油分解成脂肪酸，进而被碳酸钠皂化成真正的脂肪酸皂，可以说与现代肥皂（图9-7）只有一步之遥。

图9-7　肥皂

9.2.2　洗发水的主要成分

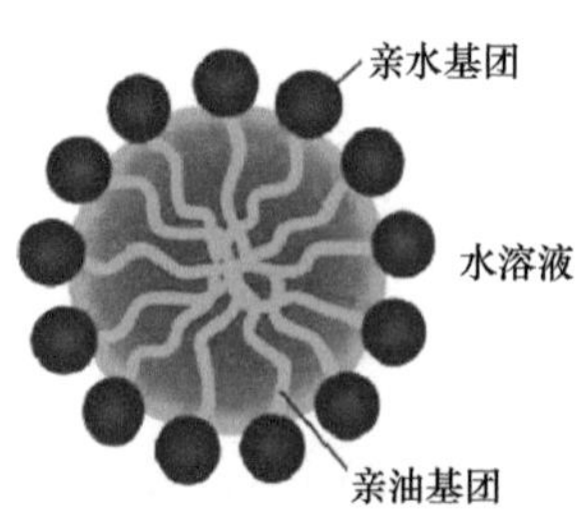

图 9-8　表面活性剂胶团

洗发水是一个集表面活性剂胶团（图 9-8）、乳化油脂、悬浮颗粒、高分子溶胶等成分于一体的复杂体系，其组成决定产品的功效和稳定性。洗发水的组成、比例和配方不同，其具有的功效也各有侧重，但总的来说，洗发水中含有的主要成分都是相似的。下面介绍日常生活中必备的洗发水成分和各自的作用。

1. 主表面活性剂

主表面活性剂是洗发水的基础，具有起泡和清洁作用，以及泡性好、脱脂力低、残留量低、易形成胶团的特点。常见的主表面活性剂多为阴离子表面活性剂，主要有月桂基硫酸盐、月桂醇聚醚硫酸盐、α-烯基磺酸钠等，其中月桂醇聚醚硫酸盐是应用最广的主表面活性剂，具有良好的清洁和起泡性能，水溶性好，刺激性低，与其他表面活性剂和添加剂具有良好的配伍性。阴离子表面活性剂具有优异的清洁力，但脱脂力往往过强，过度使用会损伤头发，因此需要加入助表面活性剂以降低体系的刺激性，且能够调整稠度、稳定体系。

资料卡片

表面活性剂

表面活性剂是指具有固定的亲水疏水基团，在溶液的表面能定向排列，并能使表面张力显著下降的物质。表面活性剂一般为具有亲水与疏水基团的有机两性分子，可溶于有机溶液和水溶液。亲水基团常为极性基团，如羧基、磺酸基、硫酸盐、氨基或胺基及其盐，也可以是羟基、酰胺基、醚键等；而疏水基团常为非极性烃链。表面活性剂分为离子型表面活性剂和非离子型表面活性剂等。

表面活性剂的工作原理（图9-9）概括起来就是“相似相溶”。

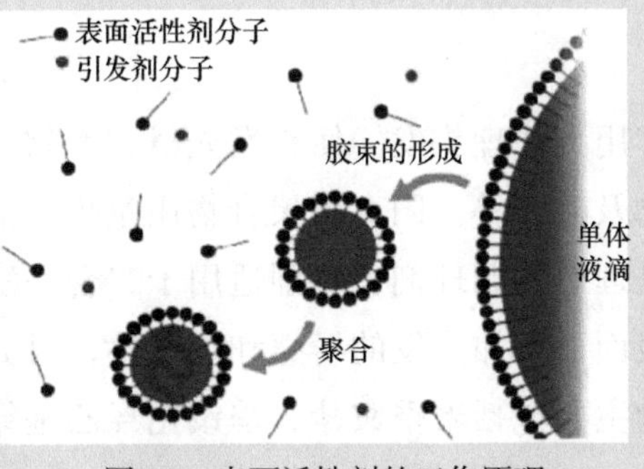

图9-9　表面活性剂的工作原理

表面活性剂的结构类似一根火柴棍，火柴头代表亲水基团，火柴杆代表疏水基团。疏水基团可与头发头皮上的油污分子结合，相似相溶；亲水基团与水分子结合形成胶束团，再经过机械摩擦运动，就能将油污分子与头发分离，拉进水中，从而达到膨化、溶解、扩散、洗涤油污的目的。

2. 助表面活性剂

助表面活性剂主要起隐泡、增泡、增稠、增加清洁力和降低主表面活性剂刺激的作用，主要包括两性表面活性剂和非离子表面活性剂。

两性表面活性剂具有综合的性能，除调理外还有助洗功能，与无机盐、酸、碱等具有良好的配伍性，在酸性条件下能转变成阳离子表面活性剂。常见原料包括十二烷基二甲基甜菜碱（图 9-10）、椰油酰胺丙基甜菜碱、氨基酸表面活性剂等。非离子表面活性剂包括椰子油单乙醇酰胺、椰子油二乙醇酰胺等。

图 9-10　十二烷基二甲基甜菜碱及其结构式

3. 调理剂

调理剂的主要作用是护理头发，使头发光滑、柔软，易于梳理。常用调理剂有阳离子聚合物及硅油等。阳离子聚合物用量少、活性高，与阴离子表面活性剂配伍好，是理想的调理剂，特别适用于二合一洗发水。其护理机理是通过沉积在头发表面而增加头发的滑感和分散性，对分叉的头发也有修复效果。阴离子聚合物主要包括聚季铵盐、季铵化羟乙基纤维素等，可改善头

发的干湿梳性、可修饰性和调理性，对头发的调理、保湿、光泽、顺柔、滑爽都具有明显的效果。乳化硅油能减少湿梳时（尤其在半干半湿状态下）头发与洗发水接触部位的涩感，使头发滑爽、光亮。

4. 黏度调节剂

黏度调节剂主要是调节产品的黏度，分为增稠剂和降黏剂两种，常见的有：有机水溶聚合物、有机半合成水溶聚合物、无机盐、无机聚合物（图 9-11）等。

均链聚合物：链状硫…—S—S—S—…

```
   S     S     S     S
  / \   / \   / \   / \
 H   S     S     S     H
```

图 9-11　无机聚合物实例

增稠剂是通过增加洗发水的黏度来稳定体系，聚乙二醇单硬脂酸酯、椰油酰胺、甜菜碱等都具有明显的增稠作用。无机增稠剂最常见的有氯化钠、氯化铵和硫酸钠，在一定范围内随添加量增大黏度增加，但过量后，黏度反而下降。降黏剂能降低洗发水的黏度，从而达到所需要的使用效果，常用的有二甲苯磺酸钠和二甲苯磺酸胺。

拓展阅读

洗发水的酸碱度对头发的影响

为什么人们使用了某些洗发水之后容易掉发呢？其实这与洗发水的pH（酸碱度）有关。

洗发水既有碱性的也有酸性的。碱性洗发水是 pH > 7的洗发水，普通的洗发水都是碱性的，因为碱性洗发水具有很好的去污效果。但它易损伤发质，让头发变得毛糙，不易打理。酸性洗发水是 pH < 7 的洗发水，虽然去污效果没有碱性洗发水好，但是酸性物质却具有闭合毛鳞片的功效，能使头发服帖顺滑，易于打理。因此，一般的护发产品都是酸性的。

如何选择适合自己的洗发水？中性发质者宜选用 pH 在7左右的中性洗发水。干性发质者选用 pH 为4.5 ~ 5.5 呈弱酸性的洗发水较为合适，绝不能用碱性洗发水，否则会加速毛发的老化，终至脱落。油性发质者最适合的是pH > 7 的碱性洗发水，它可以适度地洗去头发上过多的油腻污垢。

5. 添加剂

为了满足消费者对头发保养的各种需求，生产洗发水时常会加入各种添加剂，按功效分为去屑剂、营养剂、酸碱调节剂、色素等。

去屑剂的去屑作用表现为较强的杀菌和抑菌能力，同时也能抗皮脂溢出，当前主要的去屑剂有吡硫鎓锌、吡啶酮乙醇胺盐（图 9-12）、酮康唑和甘宝素等。营养剂包括 D- 泛醇（图 9-13）、季铵化水解蛋白、芦荟凝缩液等，D- 泛醇能使头发易梳理、保湿，修补头发毛鳞片。水解蛋白能修补头发毛鳞片，防止头发分叉、受损，增加头发的密度，改善头发的光泽。芦荟凝缩液具有抗细菌、真菌及滋润柔亮头发的作用。酸性调节剂最常用的是柠檬酸，碱性调节剂包括碳酸氢钠和碳酸钠等。色素是用来调节产品的色泽，增加和满足产品的使用要求，常用的有柠檬黄、日落黄、苋菜红、亮蓝等。在如今绿色安全的消费趋势下，一般提倡加入天然植物色素。

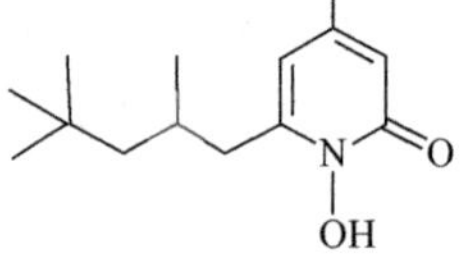

图 9-12　吡啶酮乙醇胺盐的结构式

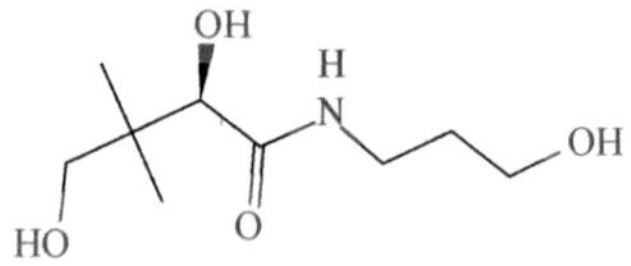

图 9-13　D- 泛醇的结构式

6. 防腐剂

防腐剂是保证洗发水质量的重要因素，它能使产品在保质期内微生物不超标，满足货架寿命。防腐剂在用量上并不是越多越好，在达到有效控制的情况下，用量应尽可能少，以减少对头皮的刺激作用。常用的防腐剂有卡松、尼泊金酯类。

卡松防腐剂高效无毒、抑菌范围广、持效性长，与表面活性剂配伍性好、性能稳定。尼泊金酯为对羟基苯甲酸酯类防腐剂，是国际公认的广谱高效防腐剂，它能破坏微生物的细胞膜，使细胞内的蛋白质变性而抑制霉菌和酵母菌的活性。DMDM 乙内酰脲在水相及油水乳液中抑菌性能稳定（能显著抑制革兰氏阴性菌），与其他组分配伍性良好，抑菌能力不受表面活性剂、蛋白质、乳化剂等的影响，是一种优良的抗菌剂。

7. 香精

香精主要包括天然香料、精油和化学香料，主要成分是百里香酚和苏合香醇等具有芳香气味的有机物，主要香型有柠檬、柑橘、茉莉、玫瑰、薰衣草、水蜜桃等（图 9-14）。

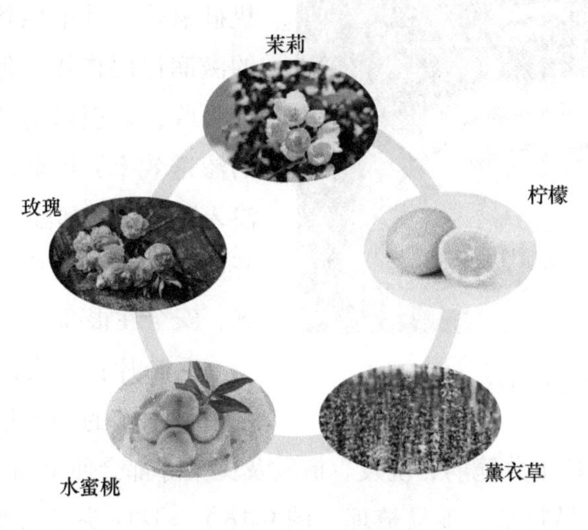

图 9-14 不同香型

9.3 深相知·“化”出健康

如今关于“硅油会损伤发质、伤害皮肤”的说法甚嚣尘上，这种说法认为，九成的洗发水中都含有一种称为“硅油”的成分，使用时硅油会包覆在发丝上，而且随着使用的次数增多，硅油一层层地不断包覆住发丝外层，造成头发厚重并逐渐丧失弹性，毛孔被阻塞而无法呼吸，让人头皮发痒，甚至脱发。为此，各种不含硅油的洗发护发产品层出不穷，商家们更是大力宣传“无硅油”洗发水的功效，虽然无硅油洗发水的价格是普通洗发水的 5~10 倍，却备受消费者的追捧。这种说法可信吗？硅油真的对发质这么不友好吗？

9.3.1 含硅油洗发水真的有害吗

硅油（图 9-15）的化学名称是聚二甲基硅氧烷 $[(C_2H_6OSi)_nC_{26}H_{54}O_5Si_2]$，是一种不同聚合度链状结构的聚有机硅氧烷。硅油结构稳定，有很好的滋润保湿作用，但无法长期维持及吸收，甚至可能会降低其他成分的渗透效率，因此较适合添加在非渗入肌肤型产品配方中，从 50 年前开始就已经广泛应用于护发护肤领域，安全性很高。

图 9-15 硅油

毛鳞片：头发的主要成分是角蛋白，发丝的最外层布满参差不齐的毛鳞片。毛鳞片十分脆弱，洗发、梳发及烫染等都会使毛鳞片翘起、张开，导致头发毛糙、易打结、不易梳理（图 9-16）。这时头发需要油脂的润滑以减小梳理头发时造成头发损伤的概率。硅油的作用恰恰在于能够附着在发丝上，填补毛鳞片受损的部位，使头发的表面变得平滑，带来发质修复的效果，使头发更加柔顺，减少打结。

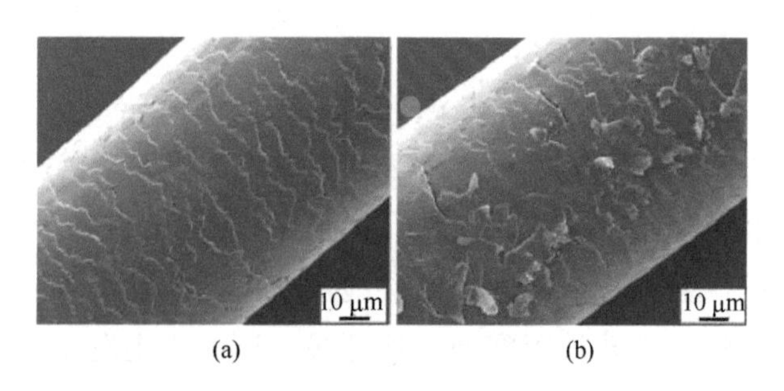

图 9-16 健康毛鳞片（a）和受损毛鳞片（b）

人们对含硅油洗发水存在以下认知误区。

误区一：硅油不溶于水，易在头皮上残留，伤害头皮。

硅油性质稳定，尚无证据表明它对头皮有损害。虽然硅油的物理性质是不溶于水，但现代洗护产品中使用的硅油都是经过改良的水溶性硅油，且一

般洗发水中的硅油含量很少。有人曾对50种洗发水中的硅油含量做过检测，结果显示洗发水中的硅油浓度一般都在2%~3%。因此，一般情况下头皮不会有大量硅油残留，更不会因此堵塞毛孔。

误区二：常用含“硅油”的洗发水，会导致脱发。

硅油属于大分子物质，不会被毛囊吸收，同时洗发水中的硅油并不多，在表面活性剂的清洁作用下，加上大量的水冲洗，基本不会残留在头皮上，消费者不必过于担忧。引起脱发的原因有很多，如内分泌失调会造成脂溢性脱发，精神压力过大或患有内科疾病会造成脱发，失眠会导致脱发，还有产后的生理性脱发等。毛囊堵塞并非脱发的诱因，因洗发水导致脱发的情况比较少见，所以硅油是“无辜”的。

误区三：含有“硅油”的洗发水可能会诱发过敏。

医生表示，无硅油产品中的硅油替代成分反而可能造成过敏等问题。硅油所充当的柔顺剂是洗发水的重要成分，用没有柔顺剂的洗发水洗完头发后会出现干涩、打结等现象。据悉，无硅油洗发水并不是其中不添加柔顺剂，而是使用了一些植物油、鲸蜡醇等天然成分来代替硅油。那么这些替代成分真的会比硅油

生活之道

如何巧妙地使用过期洗发水？

对过期的洗发水可以进行如下“废物利用”。

清洁污渍：清洗衣服时，先在有污渍的地方倒入适量的洗发水，浸湿均匀后用手搓揉几下，再将衣服在清水中浸泡片刻，之后照常清洗即可。

拉链顺滑：很久没穿的衣服拉链拉起来会比较困难。将洗发水弄一点涂在拉链上，再拉一拉，会顺滑很多。

光亮皮鞋：穿了许久的皮鞋，或者是下雨天弄脏的皮鞋，可以将洗发水滴在皮鞋上，用抹布均匀擦拭，再用干毛巾擦干，皮鞋会比之前光亮许多。

清洁梳子：梳子长时间使用后会有很多污垢，不易清洗。可以将梳子泡在热水中，滴适量的洗发水，均匀散开后泡几分钟，再用清水将梳子冲洗干净。

清洁地毯：地毯用久了污渍很多又清洗困难，可将适量洗发水倒入清水中散开均匀后，拍打到有污渍的地毯上稍等片刻，再用干毛巾将水渍吸干，重复几次，地毯会干净很多。

好吗？从过敏原性看，由于硅油化学性质非常稳定，为惰性物质，与香料、乳化剂等小分子的半抗原物质不同，目前尚没有对硅油诱发接触过敏的临床报道，且硅油属于高分子化合物，不会透过皮肤的屏障被皮肤吸收，也不会对皮肤造成长期的累积性损害。而无硅油产品中的替代成分多为一些植物性或动物性来源的天然物质，如羊毛脂、植物油以及其中所含的大分子有机物等。这些自然来源的物质成分复杂，稳定性远不及硅油，替代的柔顺成分可能有性质不稳定、易氧化酸败、致敏或致粉刺效应等问题。总的来说，天然来源的物质成分不单一，并不一定比硅油好，反而有可能造成过敏等皮肤问题。

无论是否含有硅油，选择适合自己发质的洗护产品才是最重要的，应根据自身发质特点和需求进行选择，而不是盲目听从广告和宣传。相信科学，才能有更可靠的美发护发的好方法。

9.3.2 正确使用洗发水

选择适合自己的洗发水很重要，但掌握正确的洗头方法也是很有必要的，下面介绍怎样正确使用洗发水。

（1）用洗发水之前应将头发彻底打湿，以便更好地洗掉污垢，避免伤害头皮。

（2）洗发水宜先在掌心揉出丰富的泡沫，然后轻轻按摩，使洗发水与头皮充分接触，尽量保持一段时间后再冲洗，这样可以避免洗发水残留在头发上。

（3）洗头发的时间不宜少于 3min，尤其是后脑勺附近应仔细清洗，因为这个部位容易堆积油脂。

（4）只洗头发是不够的，还应重视清洗头皮，因为皮脂堆积在头皮上容易滋生细菌产生头屑，也容易掉发。

（5）洗发水要彻底冲洗干净，冲一遍是不够的，用护发素之前也要记得先将头发冲洗几遍。

（6）在家也可以尝试头部按摩，但不能用指甲，而应用指尖指腹部分轻柔按摩头皮 3 周，可以起到放松作用。

（7）适当选择使用护发产品。洗发水只是清除头发、头皮的污垢和皮脂，改善头发的生长环境。如要改善发质、保养头发，应另外使用适合自己的护

发素。

（8）洗头发不宜太勤，否则将过度打开毛鳞片造成头发损伤，也会洗掉必要的油分，令发丝毛躁、不易梳理。

（9）一般可以随着季节的变换选用不同的洗发水，季节不同，头发的状况也不同，最好不要一直用同一种洗发水。

图片来源

封面图、图 9-2、图 9-7、图 9-14 https：//pixabay.com

图 9-3 肖芬，王晓红，王玉勤，等 .27 个木槿品种的数量分类和主成分分析 [J]. 中南林业科技大学学报，2019，39(2)：59-64.

图 9-16 牛丽娟，瞿欣 . 香烟烟雾为模型的污染环境对头发损伤的研究 [J]. 日用化学工业，2017，47(10)：562-567.

10　正确选择洁面产品

10.1　初相遇·境中问“化”

图 10-1　被痘痘困扰

小杨最近心情很低落，因为跟风使用了一款网红爆款洗面奶以后，脸上开始长痘（图 10-1），于是她向亮亮求救。亮亮看了她的洗面奶成分并根据小杨的皮肤状态，建议小杨将洗面奶换掉，并给小杨推荐了一款新洗面奶。小杨使用之后皮肤渐渐有所好转。你想知道亮亮是怎样看洗面奶成分的吗？我们应该如何正确地选择洁面产品呢？

10.2　慢相识·“化”园寻理

10.2.1　洁肤原理

洗面奶的洁肤原理是：通过配方中所含表面活性剂（图 10-2）的润湿、渗透和乳化作用，去除皮肤上的污垢。

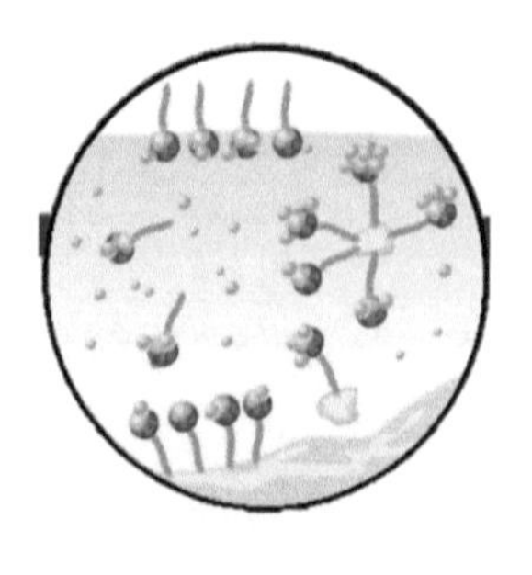

图 10-2　表面活性剂

10.2.2 洗面奶的类型

洗面奶一般都是乳化型乳。

（1）根据产品结构、添加剂的不同，洗面奶可分为普通型、磨砂型和疗效型三个主要类别。

（2）根据使用对象的不同，洗面奶可分为油性皮肤用洗面奶、干性皮肤用洗面奶和混合型皮肤用洗面奶。

（3）根据其主要成分不同，洗面奶主要分为皂基型和氨基酸型。

10.2.3 洗面奶的成分

1. 皂基型

皂基洗面奶主要是脂肪酸+碱，经过皂化反应后得到脂肪酸皂（图10-3），还有多元醇、乳化剂、表面活性剂、润肤剂等辅助成分。皂基洗面奶具有丰富细腻的泡沫，去污力好、易冲水、用后清爽，广受市场的欢迎。但是皂基洗面奶的pH较高，脱脂力过大，用后紧绷，有一定的刺激性。通过复配温和的表面活性剂和润肤剂可以改善以上缺点，做到性能相对均衡，目前皂基洗面奶仍然是主流产品。

配方表

脂肪酸

十四酸／肉豆蔻酸

十二酸／月桂酸

十六酸／棕榈酸

十八酸／硬脂酸

碱

氢氧化钠

氢氧化钾

三乙醇胺

多元醇、乳化剂、表面活性剂、润肤剂及其他添加剂

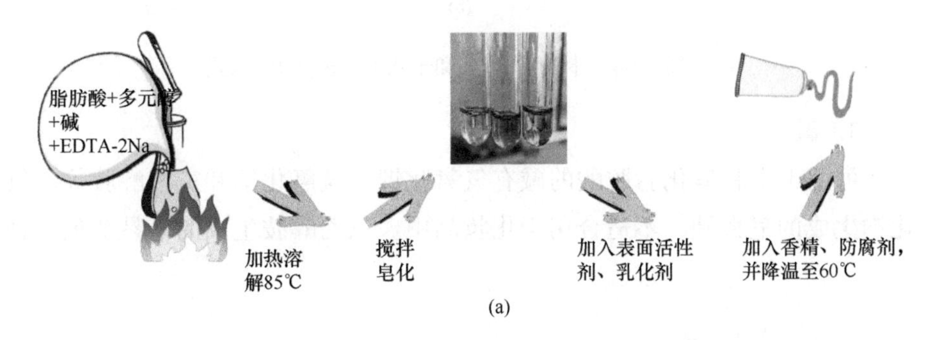

(a)

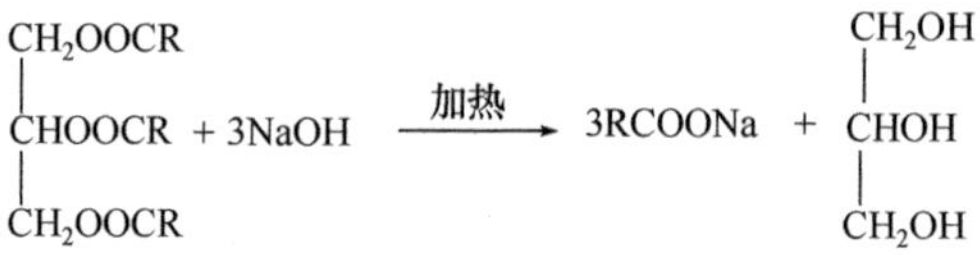

$$\begin{array}{l} CH_2OOCR \\ | \\ CHOOCR \\ | \\ CH_2OOCR \end{array} + 3NaOH \xrightarrow{加热} 3RCOONa + \begin{array}{l} CH_2OH \\ | \\ CHOH \\ | \\ CH_2OH \end{array}$$

(b)

图 10-3　皂基洗面奶的制作工艺流程（a）及化学反应方程式（b）

1）脂肪酸 + 碱

脂肪酸 + 碱构成洗面奶体系的骨架，产品的稳定性、清洁能力、泡沫效果、珠光外观和刺激性等都取决于脂肪酸 + 碱的选择和配比。

2）脂肪酸

常用的脂肪酸有十二酸、十四酸、十六酸、十八酸（图 10-4）。这四种酸的性质略有差异：①起泡性，随着分子量的增大泡沫越来越细小，同时泡沫越来越稳定，但是泡沫生成的难度也越来越大，其中十二酸产生的泡沫最大，也最易消失，十八酸产生的泡沫细小而持久；②珠光效果，四种脂肪酸中，对最终产品的珠光效果影响最大的是十四酸和十八酸，十四酸产生的珠光是一种微透明的、类似于陶瓷表面釉层的乳白色珠光，而十八酸产生的珠光是一种强烈的白色闪光状珠光。因此，洗面奶配方中脂肪酸应该以十四酸或十八酸为主体，其他酸为辅助。

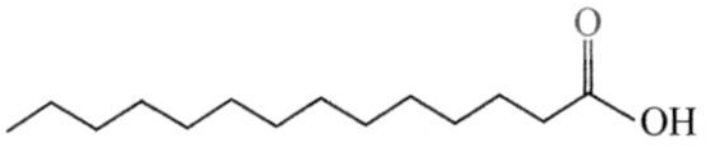

(a)

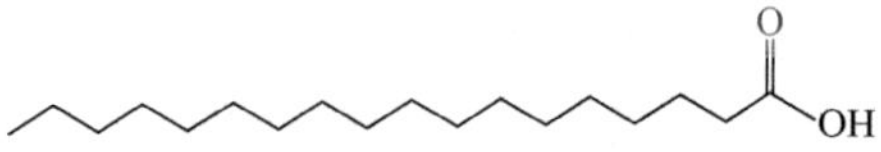

(b)

图 10-4　十四酸（a）和十八酸（b）的结构式

3）碱

可用于中和皂化脂肪酸的碱有氢氧化钾、氢氧化钠和三乙醇胺等。氢氧化钠生成的皂太硬，不适合用于化妆品中。三乙醇胺生成的皂易变色，且当

体系中皂的量很大时，生产又不易控制。因此，中和皂化的碱优先选氢氧化钾。

4）多元醇

洗面奶常用的多元醇有甘油（$C_3H_8O_3$）、丙二醇（$C_3H_8O_2$）和 1，3- 丁二醇（$C_4H_{10}O_2$）等。多元醇在洗面奶的配方体系中主要起分散或溶解脂肪酸皂的作用。皂化过程中生成的皂微溶于水，在生产过程中，大量的皂如果不及时分散或溶解，皂化过程将无法完成，生产也无法继续进行。为了及时将生成的皂分散或溶解，必须使用大量的多元醇。甘油对皂起分散作用，丙二醇和 1，3 - 丁二醇对皂起溶解作用。多元醇对洗面奶体系的作用不仅表现在分散或溶解皂上，其对最终产品的珠光效果和稳定性也有很大的影响。甘油不会影响产品的珠光效果；丙二醇和 1，3- 丁二醇在溶解皂的同时会将析出的珠光破坏，使用过量丙二醇或 1，3- 丁二醇的洗面奶，其珠光效果很差甚至没有珠光。因此，配方中多元醇一般以甘油为主，1，3- 丁二醇为辅。

5）乳化剂

乳化剂在洗面奶产品中最主要的作用是解决体系稳定性的问题，准确地说应该是辅助稳定作用。添加适量的乳化剂可以有效提高洗面奶的高温稳定性，并防止产品体系在恢复常温后出现泛粗的现象。乳化剂对产品的珠光效果也有很大的影响，如果体系中的乳化剂量过多，最终的产品珠光将无法析出。因此，在选择乳化剂种类的同时应该考虑乳化剂的最低用量，在保证体系稳定的前提下，乳化剂的用量应尽可能少。常用的乳化剂可以选择泊洛沙姆 184 和甘油硬脂酸酯等。

6）表面活性剂

表面活性剂在皂基洗面奶体系中的作用有以下几方面：①对皂基的高 pH 具有缓冲作用，降低皂基的刺激性；②改善皂基的泡沫性质和使用时的肤感。阳离子调理剂（聚季铵盐 -7、聚季铵盐 -47 和季铵化咪唑啉等）在皂基洗面奶体系中的主要作用是降低洗面奶的低温硬度，降低刺激性及洗后皮肤干涩和紧绷感。常用的表面活性剂（阴离子和非离子）有氨基酸类表面活性剂、MAP 类表面活性剂、磺酸类表面活性剂和烷基糖苷等。

·十二烷基硫酸钠

十二烷基硫酸钠（图10-5）是去脂力极强的表面活性剂，通常用于油性肌肤或男性专用的洗面奶。其缺点是对皮肤具有潜在的刺激性，与其他表面活性剂相比刺激性较大，因此只建议肤质健康且油性肤质者使用。

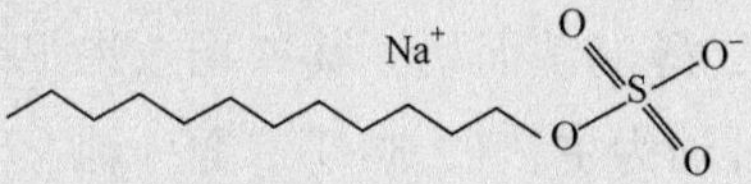

图10-5　十二烷基硫酸钠的结构式

·聚氧乙烯烷基硫酸钠

聚氧乙烯烷基硫酸钠（图10-6）属于去脂力佳的表面活性剂，刺激性稍小于月桂醇硫酸酯钠（SLS）。原料价格低廉。

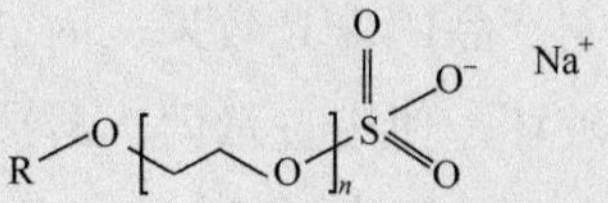

图10-6　聚氧乙烯烷基硫酸钠的结构式

·酰基磺酸钠

酰基磺酸钠（图10-7）具有优良的洗净力，且对皮肤的刺激性小。此外，有极佳的亲肤性，洗时及洗后的触感都不错，皮肤不会过于干涩且有柔嫩的触感。建议油性肌肤或喜欢把脸洗得很干爽的人使用。

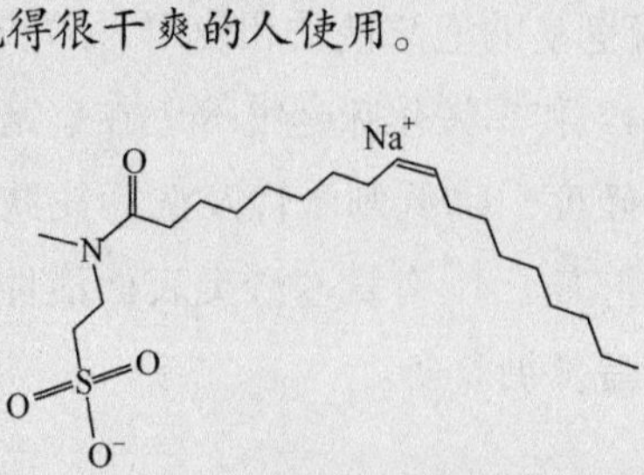

图10-7　酰基磺酸钠的结构式

·磺基琥珀酸酯类

磺基琥珀酸酯（图10-8）是具有中度去脂力的表面活性剂，较少作为主要清洁成分。去脂力虽不强，但具有极强的起泡力，经常与其他洗净成分搭配使用以调节泡沫。刺激很小很温和，适合敏感和干性皮肤。

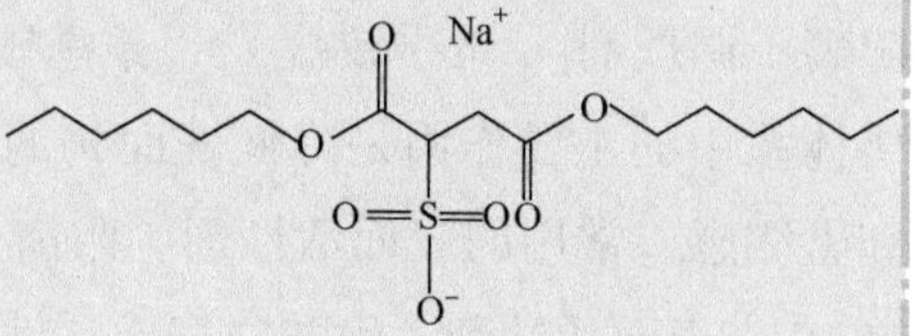

图10-8　磺基琥珀酸1,4-二己酯钠盐的结构式

·烷基磷酸酯类

烷基磷酸酯（图10-9）属于温和、中度去脂力的表面活性剂。亲肤性较好，但对碱性过敏的肤质仍不建议长期使用。

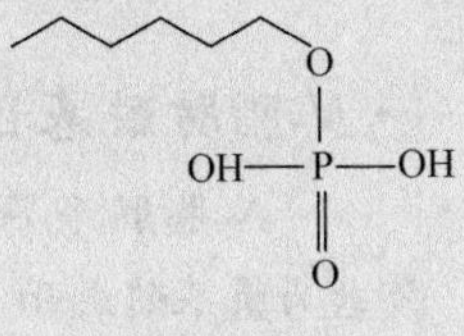

图10-9　烷基磷酸酯的结构式

·烷基聚葡萄糖苷

烷基聚葡萄糖苷（图10-10）是以天然植物为原料制造得到，对皮肤及环境没有任何毒性或刺激性。清洁性适中，为新流行的低敏性清洁成分。

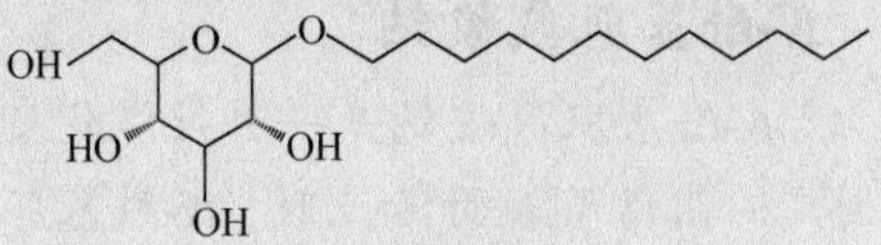

图10-10　烷基聚葡萄糖苷的结构式

2. 氨基酸型

以氨基酸类表面活性剂为主的非皂基洗面奶呈弱酸性，接近人体肌肤的pH，对皮肤刺激性很小，长期使用不会伤害皮肤。对于当今社会越来越追求环保安全的消费者来说，氨基酸洗面奶已成为人们热捧的一类产品。

氨基酸洗面奶是以氨基酸起泡剂为主要发泡剂做成的洁面产品，最大的特点就是温和，不仅可以清洁去除肌肤表面的污垢，而且洗后肌肤柔软清爽不紧绷，干性肌肤和敏感肌、婴幼儿都可以用，好的氨基酸洗面奶睁着眼睛洗都不会觉得刺痛。

清洁产品表面活性剂的主要功能是溶解油脂和皮脂。当脂质过度流失，角质层脂质双层结构失去稳定性，皮肤屏障功能受损，增加了刺激性物质渗透入皮肤的机会，同时经表水流失增多。刺激性表面活性剂除对角质层中的蛋白质和脂质产生即刻损害外，长期累积的刺激也会最终导致屏障功能的瓦解。温和清洁剂就是将表面活性剂对蛋白质和脂质的潜在损害减小到最低程度。氨基酸洗面奶集众多优点于一身，但其缺点也很明显：难起泡、原料价格贵、配方工艺难。

N-脂肪酰基氨基酸型表面活性剂对毛发和皮肤温和、不刺激，具有高亲和力及良好的润湿效果，能产生丰富的泡沫，因此是各种洗发水、沐浴露及众多化妆用品的主要原料，如*N*-月桂酰基天冬酸（盐）、*N*-椰油酰基甲基牛磺酸（盐）、*N*-月桂酰基谷氨酸（盐）、*N*-脂肪酰基肌氨酸（盐）等。

·N-脂肪酰基谷氨酸盐

N-脂肪酰基谷氨酸盐的起泡、稳泡性好，洗涤性优异，且对皮肤或眼睛刺激性温和，因而在洗涤用品中有较好的应用前景。若利用其稳泡性和洗涤性等，可以在沐浴露、洗手液、洗发水等配方中添加；若利用其刺激性温和，可以在洗面奶、香皂等配方中添加。

·N-酰基肌氨酸钠

N-酰基肌氨酸钠是一种性能优良、应用范围广的阴离子表面活性剂。N-酰基肌氨酸钠可用于洗手皂和皮肤清洁剂中，除去污、起泡作用外，由于其很容易吸附在皮肤表面，因此还有抑菌和保湿功效。

·N-脂肪酰基甘氨酸盐

N-脂肪酰基甘氨酸盐为氨基酸表面活性剂，在沐浴产品中有很好的起泡力，相同浓度下，它的泡沫比较丰富。

10.3 深相知·“化”出健康

目前市面上有许多功能型洗面奶，下面进行简单介绍。

1. 含果酸成分的洁面产品

果酸在洁面产品配方中是否具有实用价值？洗脸与肌肤接触的时间很短暂，因此洗面奶中含有的果酸与皮肤作用的时间也很有限。在有限的时间里，含果酸的洗面奶确实可以有效地溶解老化角质，使肌肤触感柔滑、有光泽，但只有最浅表层的角质层才可以在短时间内让果酸发挥作用。至于化妆品专柜所言“果酸可以去除皱纹，促进真皮层细胞合成”等效果，在洗脸的阶段是达不到的。

果酸类洗面奶小档案

适用对象：肤况健康者

禁用对象：敏感肌肤者

关怀小语：过度去角质会降低皮肤的防御功能，所以使用时间要适度，与其他氨基酸洗面奶交替使用，让肌肤休息一下。

2. 含美白成分的洁面产品

人们真的可以洗出白皙无瑕的肌肤吗？美白成分必须渗透到皮肤的基底层，也就是黑色素的发源地，才有机会发挥美白的作用。美白成分大多数是执行“阻止酶活化”的工作，即阻止黑色素生成，因此必须有相当浓度的美白成分留在皮肤里才能进行。遗憾的是，洗脸这个动作没有办法将脸上的污垢洗掉，同时又能选择性地留下美白成分。

美白类洗面奶小档案

使用须知：任何美白成分以洁面产品形式使用，效果均有限。

美白成分：维生素C、果酸较为有效。

关怀小语：少晒自然白，多吃维生素C。

3. 含抗痘成分的洁面产品

1）三氯生

三氯生（$C_{12}H_7Cl_3O_2$，triclosan）是一种含氯的化学物质，主要用作杀菌剂。当三氯生作为抗痘成分时，其杀菌作用主要是针对脸部毛孔中寄生的面疱杆菌。也就是说，细菌性感染造成的面疱使用三氯生才看得到效果。

2）水杨酸

水杨酸（$C_7H_6O_3$，salicylic acid）又称B-柔肤酸、柳酸。水杨酸属于脱皮剂，效用类似果酸。但水杨酸对细胞壁的渗透能力强于一般果酸，因而可以迅速使化脓的伤口结痂、干燥并脱落。有文献资料显示：长期使用水杨酸或使用浓度过高的水杨酸，都可能引发皮肤病变。

3）硫磺剂

含硫磺（S，sulfur）成分的制品有淡淡的硫磺粉味道。硫磺对化脓性的面疱具有干燥及脱皮的功效。使用期间所引起的现象与水杨酸相似，皮肤会有过于干燥的不适感。

4）过氧化苯酰

过氧化苯酰（$C_{14}H_{10}O_4$，benzoyl peroxide）本身具有杀菌及溶解角质的双重功效，化妆品及医药领域经常用作青春痘的治疗剂。因为具有杀菌功效，所以对于丘疹、发炎红肿的面疱具有治疗效果。又具有溶解角质的功用，所以对已经形成的粉刺（如白头粉刺）也有改善效果。

5）维生素 A 酸

维生素 A 酸（$C_{20}H_{28}O_2$，retinoic acid）是现今保养化妆品中炙手可热的抗老化成分。事实上，此成分在医疗上用于治疗面疱已有多年。它对皮肤有极佳的渗透能力，能侵入毛囊壁溶解角化的细胞，所以对早期无发炎、囊肿现象的黑头粉刺效果极佳。

6）茶树精油

精油应用于化妆品配方是近几年才开始流行的。茶树精油（tea tree essential oil）对一般的细菌、霉菌、酵母菌的灭菌力极强。它属于天然萃取成分，安全性佳。

抗痘类洗面奶小档案

·使用须知：根据面疱及肤质选择适合的成分才会有效。

·适用成分：黑头粉刺——维生素A酸、水杨酸。白头粉刺——维生素A酸、水杨酸、过氧化苯酰。丘疹、发炎——三氯生、茶树精油、过氧化苯酰。脓疱红肿——过氧化苯酰、三氯生、茶树精油、硫磺剂、雷琐辛。

·忌用成分：脓疱红肿——维生素A酸、SLS、皂基洗面乳。

·建议用法：无面疱时，预防用三氯生、茶树精油、水杨酸。有面疱时，依症状选择维生素A酸、水杨酸、过氧化苯酰。

·关怀小语：保持毛孔代谢顺畅是预防面疱的最佳方法。不用过油的保养品，非必要不擦抑制油脂分泌的化妆水，上妆时间不宜过久，充分卸妆，多洗脸，常敷脸。

图片来源

图 10-2　https：//pixabay.com

11　护衣大使——洗衣液

11.1　初相遇·境中问“化”

每天，人们穿着美美的衣服出门，去工作，去约会，去旅游……漂亮的衣服让人赏心悦目，心情愉悦，可是衣服上总是会不小心沾上污渍，这个时候怎么办呢？

有什么办法可以让衣物焕然一新呢？这时候就该护衣大使——洗衣液出场了。

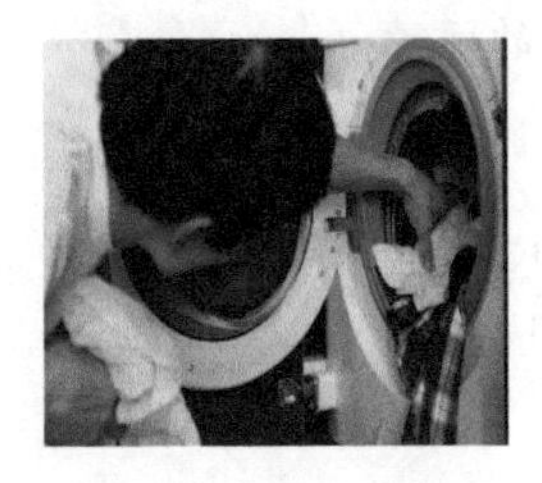

怎么办？我的衣服。

放心，用洗衣液，让衣服焕然一新！

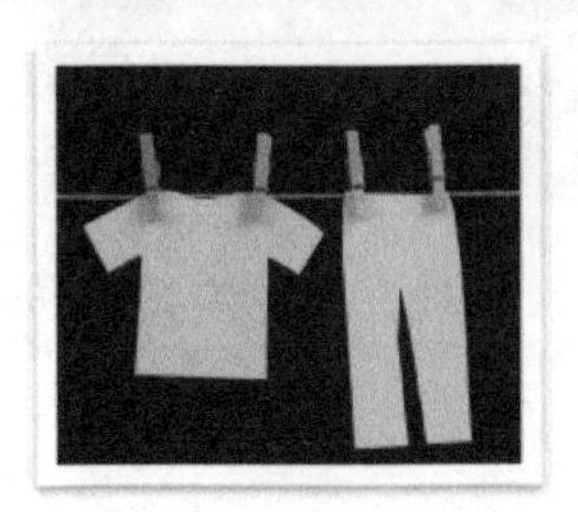

11.2 慢相识·“化”园寻理

11.2.1 洗衣界老臣——洗衣粉

污渍是每个人都讨厌的东西，人类为了与污渍较量，一直在去污的路上奋斗，由原始的草木灰到肥皂，再到洗衣粉，这中间经历了一个漫长的过程。

1907 年，德国化学家汉高用硼酸盐和硅酸盐为主要原料发明了最早的洗衣粉，给生活带来了很大的便利。

洗衣粉是一种碱性合成洗涤剂，主要成分是表面活性剂，后来人们又把具有软化硬水、提高洗涤剂去污效果的磷酸盐配入洗衣粉中，使其性能更加完美。

但是含磷洗衣粉对环境和人体都有不同程度的伤害，因此在 20 世纪 80 年代，我国提出了洗衣粉无磷化的新概念，并且制定了相应的法规 [1]，采取措施限制或禁止洗衣粉生产厂家向洗衣粉中添加含磷物质。

知识链接

含磷洗衣粉大揭秘

当洗衣粉中含有聚磷酸盐时称为含磷洗衣粉（图11-1）。聚磷酸盐有很强的去污能力，能够有效地去除衣物上的污渍。

图11-1 含磷洗衣粉中的三聚磷酸钠（STPP）

用这种洗衣粉洗涤衣物，聚磷酸盐会随着洗涤衣物的污水通过下水道进入河流中。磷元素是植物生长所需三大元素之一，含磷洗衣粉中的聚磷酸盐会使河流中的磷元素增多，导致水体富营养化，造成水中的植物疯狂生长，而水中的动物会因为缺氧而死亡。

含磷洗衣粉不仅对环境造成污染，对人体健康也有伤害。如果衣物中的聚磷酸盐没有清洗干净，残留在衣物上的磷对皮肤的刺激性较高，特别是对婴幼儿的皮肤。

此外，含磷洗衣粉一般都具有较强的碱性，碱性洗涤剂很容易对衣物造成损害，衣物的美观性及使用寿命都会大打折扣。因此，现在无论是从保护衣物或皮肤的方面考虑，还是从对环境影响的方面考虑，都建议不要使用含磷洗衣粉。

洗衣粉和肥皂采用的都是阴离子型表面活性剂，主要以烷基磺酸钠和硬脂酸钠为主，碱性较强，使用后对皮肤的伤害较大。为了满足新的市场需求，洗衣界的新秀——洗衣液诞生了。

11.2.2 洗衣界新秀——洗衣液

洗衣液于20世纪60年代出现，70年代得到发展，80年代逐渐普及，到了90年代，液体洗涤剂在结构、功能、形式等方面都有很大的更新，日益受到消费者的青睐。洗衣液和洗衣粉的不同之处在于液态洗涤剂相比固体洗涤剂更容易溶解在水中，在使用过程中也不会产生粉尘。消费者喜欢洗衣液的温和、无刺激，同时洗衣液对环境的污染也比洗衣粉小。有的消费者担心洗衣液的去污能力没有洗衣粉好，为此商家推出了去污能力超强的洗衣液来对抗顽固污渍。洗衣液在各个方面的创新使许多消费者选择使用它，成功晋升为洗衣界的新宠。

目前洗衣液的品牌有许多,但不同品牌洗衣液的主要成分基本上是一致的。洗衣液的主要有效成分是非离子型表面活性剂，其主要成分如表11-1所示 。

表 11-1　洗衣液主要成分

化学名称	标准配比 /%
脂肪醇醚硫酸钠	6.00
十二烷基硫酸钠	3.00
椰子油脂肪酸二乙醇酰胺	8.00
乙二胺四乙酸二钠	0.10
碳酸钠	0.15
氯化钠	0.20
苯甲酸钠	0.25
香精	0.10
水	82.20

洗衣液的配方需要满足以下基本要求：稳定性好、耐硬水、分散作用强、起泡和消泡性能好等。

稳定性主要是指洗衣液产品在运输过程中不分散、变质、变味，不发生色变和生成沉淀等。如果洗衣液的稳定性不好，到达用户手中时就不能发挥良好的洗衣效果。

生活中经常会接触到硬水，因此在生产洗衣液的原料中通常会加入耐硬水材料，以保证洗衣液在硬水中依然有良好的去污能力。如果用不耐硬水的洗衣液洗衣服，衣物的表面可能出现一些斑点，色调变暗，面料也会逐渐变硬发脆。这是因为不耐硬水的洗衣液中的成分与硬水中的钙、镁离子生成金属盐，降低洗涤效果。

大多数洗衣液是中性产品，对衣物或皮肤的损伤较小，但是与洗衣粉相比，洗衣液的去污能力相对较弱。这是由于许多污渍，特别是植物油脂，在碱性条件下会形成相应的钠盐悬浮在水中，从而更容易脱离衣物。而洗衣液呈中性，不能为油脂提供碱性条件。油脂类污渍在中性环境中，容易粘在衣物上洗不掉，这时就需要依靠洗衣液良好的分散作用使油污与衣物分离。

平时在进行衣物清洁的时候，是否泡沫太多，怎么也洗不干净？出现这种现象是由于洗衣液中主要含有的是阴离子型表面活性剂，测试显示阴离子型表面活性剂的起始泡沫均很高，发泡能力极好，因此需要在洗衣液中加入消泡剂来改善这种现象。生产中常见的消泡剂有皂基消泡剂、有机硅消泡剂、聚醚消泡剂等，研究表明单独添加这三种消泡剂的消泡效果没有两两复配使用效果好。

1. 去泡小精灵——消泡剂

消泡剂又称消沫剂，加在洗衣液中可以消除大量产生的泡沫。消泡剂需要载体来承载和稀释，消泡剂的载体需要具有较低的表面张力，洗衣液生产中常用水或脂肪醇作为消泡剂的载体。目前市面上最具发展前景的消泡剂是有机硅消泡剂，但在推广之前要先解决其溶解性不好的缺点。

消泡剂主要是通过破坏泡沫局部的表面张力来达到消泡的目的。其作用原理（图 11-2）是将高级醇滴在泡沫上会加快泡沫破裂，出现这一现象是因为两种物质的表面张力不同，表面张力小的地方向周围延伸，最后泡沫破裂。

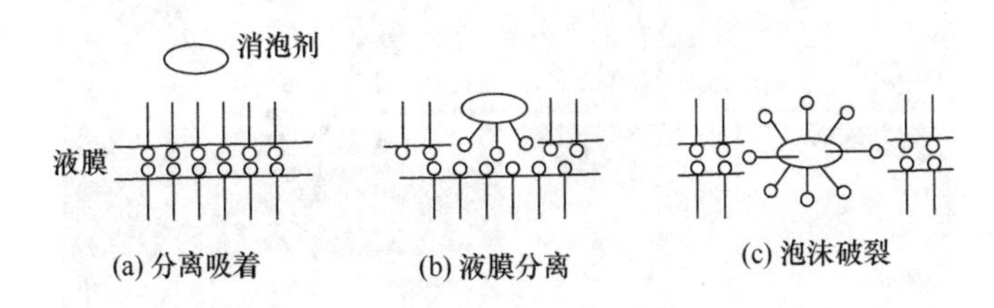

图 11-2　消泡剂的作用原理

2. 美白小能手——荧光剂

许多人都喜欢穿白色的衣服，白衣服洗过几次后常常会发黄，颜色暗淡，衣服变得不漂亮了，你是不是也经常为此发愁？

如何让衣服光亮如新？洗衣液中的荧光剂就能轻松解决这个问题。

为了使白色衣物保持亮白，经常会加入一些成分来进行增白。通常使用的方法有两种：第一种方法是将蓝色颜料加入需要增白的衣物中，其增白原理是利用蓝光的反射来掩盖衣物的黄色，使其显得亮白。这种方法的增白效果有限，加入的蓝色颜料的反光度不够，衣物的亮度会降低，从而色泽度变暗。第二种方法是对衣物进行化学漂白，该方法是利用化学试剂与衣物上的色素进行氧化还原反应，衣物就会呈现出亮白色。但是这种化学试剂会破坏制造衣物的纤维素，而且会在衣物上留下一些黄色，影响衣物的美观。20 世纪 20 年代，有人发现荧光剂能够解决化学漂白和颜料增白的缺陷，且展现出巨大的优势。

荧光剂是有机化合物，其分子结构比较复杂。将荧光剂做成荧光染料，它吸收照射在上面的光线而产生蓝色的荧光（图 11-3），肉眼看这种蓝色的荧光是白色，就显得衣物变白了。因此，许多洗衣液生产厂家都会在其产品中添加荧光剂，增强其漂白效果。

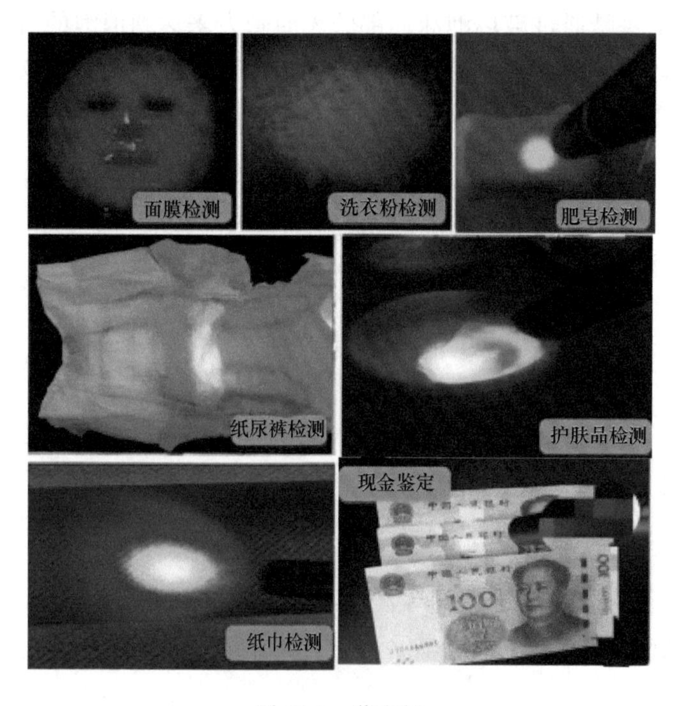

图 11-3　荧光剂

荧光增白剂分子都具有 π 电子形成的平面共轭体系 [2]，其通常含有以下结构：—C═C—C═C—C═C—或—N═C—C═N—C═C—（图 11-4）。含有这两类化学结构的有机化合物吸收紫外光后，基态电子跃迁到激发态，但是这种激发态的电子存在时间很短，很快又回到基态，在这个被激发和回到基态的过程中放出波长为 420~450nm 的荧光。有一定实用价值的荧光增白剂按照化学结构可分为二苯乙烯型、香豆素型、吡唑啉型、苯并噁唑型、二甲

酰亚胺型五大类[3]。荧光剂的结构决定了荧光剂的增白原理，荧光增白剂是平面反式结构，具有较大的共轭体系。由于其特殊的结构，荧光剂可以吸收较强的紫外光，使衣物看上去更白。为什么衣物看上去会更白？这是因为白色的衣物只能吸收微弱的波长为450~480nm的蓝光，白色衣物中蓝光较少就会略带黄色，这时衣服就会呈现出泛旧的感觉。

图 11-4　荧光剂的结构

洗衣粉从20世纪开始进入人们的生活，且在很长一段时间内占据洗涤用品的主要市场，相较于洗衣液，洗衣粉具有成本较低、去污能力较强的特点，因此从事户外工作或者经常接触油污的人大多选择洗衣粉。但是洗衣粉缺点也很明显，其虽然是粉末状的，但在水中却不易溶解，且露置在空气中容易结块，不易保存。另外，洗衣粉呈碱性，对皮肤的伤害较大，因此许多注重保养的人更加倾向于选择洗衣液。此外，洗衣液泡沫比洗衣粉少，更容易清洗。就环保来说，洗衣液的环保性更好。

11.3　深相知·“化”出健康

生活中人们经常会听到一些关于洗衣液的传言，这时要学会辨别传言的真假，不要盲目地听信传言。

知识链接

荧光剂有害吗?

科学研究证明，合理使用荧光增白剂并不会损害人们的健康。

(1)荧光增白剂在正式投入使用前已经过了多年的动物实验和人体实验。

(2)1994年《德国皮肤病学》杂志上发表了《荧光增白剂的毒理学性质》一文，文章指出：就算是伤口直接接触含有荧光增白剂的纺织材料，伤口的愈合也不会受到影响。

(3)荧光增白剂是水溶性的，即使不小心进入体内，人体的正常代谢也可以将其排出体外，并不会残留在人体内，也不会在人体的重要器官中积累。

11.3.1 荧光剂致癌?

关于荧光剂的传言有许多，如有些关于荧光剂会致癌等的文章在网络上传播。面对这些内容，我们要有正确的认识：很多有毒物质只要是在其正常使用剂量下都是安全的，需要达到一定的量才会对人体造成伤害，因此只要在安全剂量内使用，就不会危害健康。在了解荧光剂对人体的危害或谈荧光增白剂的危害时，首先要了解漂白剂对人体造成伤害的最低值。现在洗衣液生产商使用较多的荧光增白剂是二苯乙烯基联苯类(CBS)。按照《食品安全国家标准 急性经口毒性试验》(GB 15193.3—2014)附录G“急性毒性剂量(LD_{50})分级”，荧光增白剂对人体无毒，但是如果一次性摄入太多会造成急性中毒，其中毒与食盐急性中毒类似。一次性摄入50g以上食盐才会引发中毒，荧光增白剂也需要一次性摄入50g以上才会中毒。

人类50多年的使用经历也从侧面证明了合理使用荧光剂对人体是没有危害的。到目前为止，还没有实际案例证明荧光增白剂具有致癌性。用荧光增白剂进行动物实验证明其没有致癌性，而且对皮肤的伤害非常低，因此现在没有国家制定关于荧光剂的强制性管理规定。

11.3.2 洗衣液选择小技巧

现在市面上的洗衣液种类繁多，人们经常会苦恼到底如何选择洗衣液。

下面介绍一些选择洗衣液的小技巧。

1 选择洗净效果强的洗衣液

常见的灰尘、汗味，一般洗衣液都能洗掉。考验清洁能力的就是油渍，能否把油渍洗掉才是衡量洗衣液效果的最佳标准。

2 选择低泡易漂洗的洗衣液

低泡意味着漂洗时泡沫消散快，更容易清洗干净。无论是机洗还是手洗，这一点都是相当显著的优势。

3 选择中性洗衣液

中性指的是pH呈中性。人的皮肤通常情况下是弱酸性的，碱性洗涤剂会对衣服和人体皮肤产生伤害。中性洗衣液更温和，洗衣时手不干、不痒。

通过本章的学习，我们认识了洗衣液，了解了它的发展历程及性能。让我们利用所学的知识为衣物选择合适的洗衣液吧。

参考文献

[1] 新课程综合实践活动编写组，新课程综合实践活动：七年级（上册）[M]. 南京：江苏教育出版社，2005.

[2] 田芳，曹成波，主沉浮，等 . 荧光增白剂及其应用与发展 [J]. 山东大学学报（工学版），

2004，34 (3)：119-124.

[3] 王守萃 . 荧光剂的概述及国内研究现状 [J]. 职业技术，2013，1：94-95.

 图片来源

封面图 、图 11-1、图 11-3 https：//pixabay.com

图 11-2 马利海，马思远 . 油品消泡剂的消泡原理及应用 [J]. 内蒙古石油化工，2018，44(9)：18-20.

第四篇

药物与化学

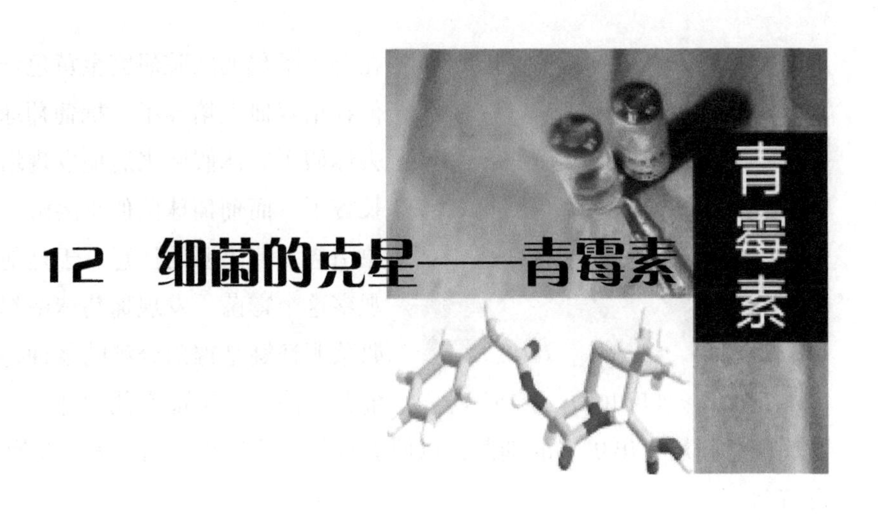

12 细菌的克星——青霉素

12.1 初相遇·境中问“化”

它刚诞生时，身价如同黄金。因为它，人类终于在与劲敌——细菌的斗争中占据了上风，死神的气息渐渐远离。在尝到甜头后，人们相继发明了它的第二代、第三代，对曾经束手无策的败血症、脑膜炎、梅毒等疾病的恐惧也逐渐减弱。它成了人们对抗细菌的惯用武器，人们大量生产它，因此它的身价犹如坐滑梯一样跌到了谷底，人们只需白菜价就能拥有它。

这种十分常见的药物就是青霉素，早些年人们称之为盘尼西林[1]。大家对它一定不陌生，因为出现感冒发烧、发炎等症状时，输液打针吃药都会用到它。它究竟有多大的魅力？让我们一起来探究……

12.2 慢相识·“化”园寻理

12.2.1 偶然的惊喜

青霉素的发现其实是一个意外。1928年，亚历山大·弗莱明（图12-1）

图 12-1　亚历山大・弗莱明

在英国圣玛丽医院研究金黄色葡萄球菌，他在培养皿上培养了一批葡萄球菌后，便去休假了。休假回来后他发现培养皿里面长霉了，而葡萄球菌似乎溶解了，这个现象引起了弗莱明的注意。于是他用显微镜观察这个霉菌，发现葡萄球菌都死掉了。弗莱明怀疑是霉菌分泌的某种物质杀死了葡萄球菌。为了证实他的怀疑，弗莱明用数周的时间培育出更多的细菌，以便能重复实验结果。后来发现这种霉菌为点青霉菌。

1929 年弗莱明发表论文时，将青霉菌分泌的物质称为青霉素。弗莱明第一次发现青霉素的时间是 1928 年 9 月 15 日，因此这一天被定为青霉素发明的纪念日。遗憾的是，弗莱明并没有找到分离提纯青霉素的方法，也不知道其具体有效成分是什么。

弗莱明将研究成果整理成论文发表，然而并没有引起关注。在他论文发表 10 年后，英国病理学家弗洛里和生化学家钱恩（图 12-2）才注意到了这篇论文，并着手研究如何提炼盘尼西林。经过一段时间的实验，弗洛里和钱恩终于用冷冻干燥法提取了青霉素（图 12-3）晶体，但获得的剂量只能用于做实验。他们给 8 只小鼠注射了致死剂量的链球菌，然后用青霉素单独治疗其中 4 只小鼠，几小时后，只有 4 只注射青霉素的小鼠还活着。虽然不少临床试验已经显示了青霉素的威力，但是要想成为常规药物，还需要更多的临床试验来确认它的疗效。而在此之前必须先解决青霉素产量少的问题。在几家

图 12-2　弗洛里与钱恩

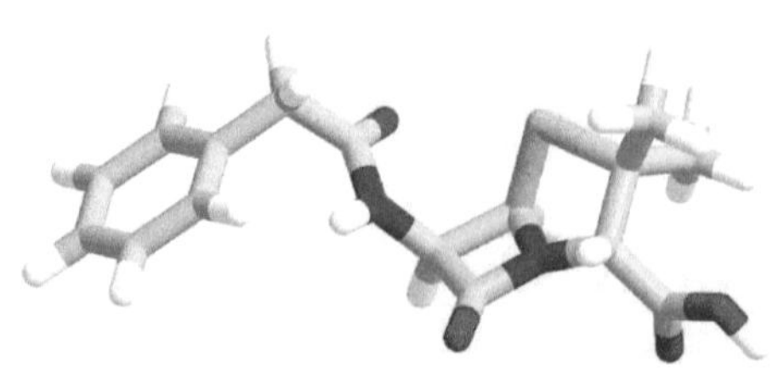

图 12-3　青霉素的分子结构

药品公司的支持下，弗洛里和他的团队来到美国与美国科学家一起合作攻克青霉素产量的难关。虽然产量有所提高，但用于救人是远远不够的。直到有一天，弗洛里在一种发霉甜瓜上找到了高产的青霉菌种，并不断试验改进培育方法，青霉素的产量才得以大大提高。在他们团队的努力下，1942 年美国有 20 多家公司开始大量生产青霉素，并且在当时青霉素是一边用于战场一边进行临床试验。

青霉素的横空出世在第二次世界大战中拯救了大量的伤员，因此士兵亲切地称它为“救命药”。弗莱明、钱恩、弗洛里也因此共同获得 1945 年诺贝尔生理学或医学奖。我国于 1944 年 9 月生产出第一批国产青霉素，揭开了中国生产抗生素的历史。现在，我国青霉素的年产量已经居世界首位。

不管是偶然发现青霉素，还是意外从发霉的瓜果中提取青霉素而使其产量大增，都离不开科学家敏锐的科学嗅觉、长期研究积累的经验及细心。把握机遇需要不同于普通人的细致以及追问到底的习惯，创新也由此而来。因此，弗莱明的偶然发现并不是像中彩票一样幸运，运气只是一部分，成功的关键是他长期的认真钻研、博学以及对机遇敏锐的嗅觉。

12.2.2 杀菌机理

人类因为发明了青霉素而使得细菌杀手损失惨重，之后又制造了许多青霉素的衍生物，有的是从青霉菌的培养液中提取而来，如青霉素 G、K 等，属于天然青霉素；有的在原有基础上进行了

知识链接

在青霉素问世前，人们发明了百浪多息来对抗细菌。它是人类合成的第一种商业抗菌药，有效成分是磺胺。磺胺于1908年被德国的一位化学家合成，不过当时只被当作合成染料的中间体，没人注意其抗菌性。直到 1932 年，德国细菌学家多马克发现一种红色染料，并把它注射到已受感染的老鼠体内，发现其能杀死链球菌。甚至他还用其治愈了被链球菌感染的女儿。1935 年，多马克正式宣布他的发现，一种叫百浪多息的磺胺衍生物可以杀死细菌。百浪多息开始用于临床。之后，各种磺胺类药物被制造出来。多马克因其创造性工作而获得了1939年诺贝尔生理学或医学奖。

改造，因为原有青霉素具有不耐胃酸、口服无效、不耐酶、不耐水解等缺陷，通过改变天然青霉素 G 的侧链来增强其杀菌能力，这属于半合成青霉素，如常用的消炎药阿莫西林。以上两种统称为青霉素类药物，因其结构中含有 β- 内酰胺环，也称 β- 内酰胺类药物。研究表明，虽然侧链不同杀菌效果有所不同，但基本原理是相同的。根据革兰氏染色法，细菌可分为革兰氏阳性菌和革兰氏阴性菌（图 12-4），而青霉素家族主要抑制的是革兰氏阳性菌。它们是如何杀死细菌的？

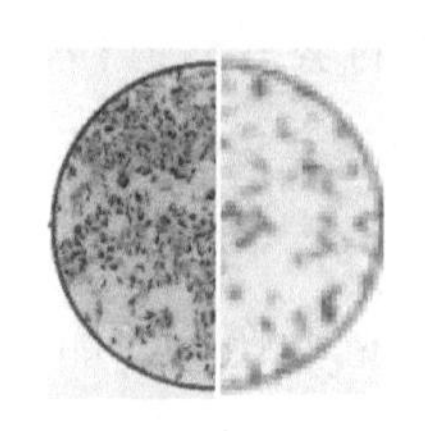

图 12-4 革兰氏阴性菌（左）和革兰氏阳性菌（右）

青霉素的药理作用是干扰细菌细胞壁的合成。青霉素的分子结构与细胞壁的成分肽聚糖（也称黏肽）结构中的 D- 丙氨酰 -D- 丙氨酸相似，可与后者竞争细菌的黏肽合成酶，即青霉素结合蛋白（PBP）。青霉素抑制细胞壁的黏肽合成，造成细胞壁缺损，使细菌失去细胞壁的渗透屏障，大量的水涌入细菌，引起细菌肿胀、破裂、死亡。具体分析如下：青霉素既然是抑制细菌细胞壁的合成，首先要了解细菌的整体结构（图 12-5）。细菌中存在类核和核糖体。类核是携带遗传信息的 DNA 分子，控制细菌的遗传性状。核糖体接受来自核质的 mRNA，在 tRNA 输送原料氨基酸的基础上，合成细菌生命活动所需的蛋白质。细胞外是一层厚实、坚韧的细胞壁，它的存在使得细菌能够在复杂的自然环境中生存。在细胞壁内侧有一层富有弹性的细胞膜，维持内外环境的稳定。它还扮演着加工厂的角色，细胞壁的成分就是在这里合成的。而有的细菌还在外面加了一层荚膜。

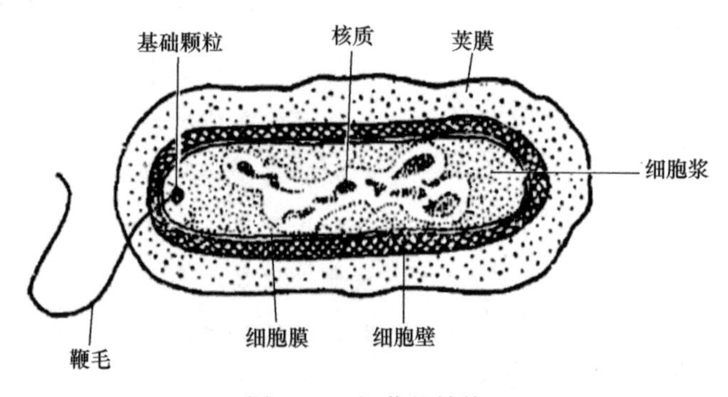

图 12-5 细菌的结构

青霉素作用的地方是中间的细胞壁。细胞壁中的肽聚糖由单体聚合，其中包含 *N*- 乙酰氨基葡萄糖（G）、*N*- 乙酰胞壁酸（M），以及连在 M 上的四肽。G 和 M 组成的二糖与连在 M 上的四肽一起共同构成了肽聚糖的基本单位。在转氨酶（催化剂）的作用下，肽聚糖的四肽侧链之间通过五肽交联桥间接相连，构成三维立体网状结构。

水分子不能随意通过细胞壁，必须通过专门的通道，这样细菌就能控制其水量了。青霉素在哪一步作用？青霉素与转氨酶要作用的物质结构非常相像，使得转氨酶不能区分，最后与青霉素作用。结果肽聚糖的侧链之间与五肽交联桥无法连接，肽聚糖无法合成（图 12-6），相应细胞壁的合成也不能继续进行。导致的后果是细菌抗渗透压降低，大量的水被细胞内的高渗透压吸进来引起细胞破裂，细菌就被杀死了。

知识链接

研究青霉素杀菌机理最早取得成果的是亚伯拉罕，他在1943年发现青霉素的有效成分是青霉烷。在他之前，钱恩和弗莱明都认为其有效成分是酶。1945年，英国牛津大学科学家霍奇金通过X射线衍射清楚了青霉烷的分子结构是β-内酰胺。认识了青霉素的结构和有效成分后，人工合成青霉素成为可能。1957年，美国麻省理工学院的希恩第一次成功合成了青霉素。之后，各种抗生素被合成出来。

前面说到青霉素家族主要攻击革兰氏阳性菌，而对革兰氏阴性菌几乎无效，其中一个原因就是肽聚糖的合成过程不同。革兰氏阳性菌肽聚糖的合成过程与上述一致，而革兰氏阴性菌的相邻肽聚糖之间的侧链能够直接作用合成细胞壁，不需要五肽交联桥的参与，自然也不需要转氨酶的作用（图 12-7）。肽聚糖之间的侧链直接相连，形成较疏松的二维网状结构，因此青霉素没有用武之地。

另外，革兰氏阳性菌细胞壁的构成原料主要是肽聚糖，占细胞壁干重的50%~80%，另一种成分磷壁酸镶嵌在肽聚糖的网状结构中。而革兰氏阴性菌细胞壁中肽聚糖仅占细胞壁干重的 5%~20%，另外还有脂多糖、细胞外膜和脂蛋白。即阳性菌无外膜，阴性菌无磷壁酸；阳性菌肽聚糖层厚，阴性菌薄（图 12-8）。

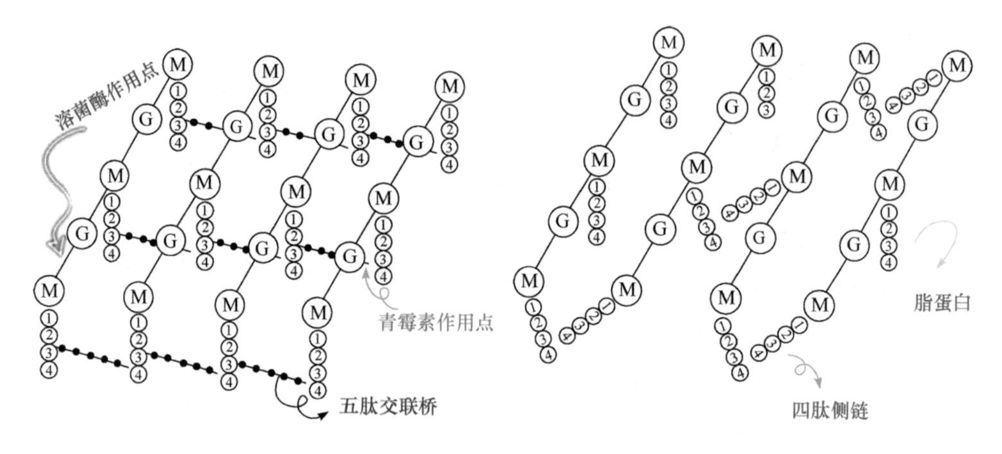

图 12-6　革兰氏阳性菌肽聚糖的合成　　图 12-7　革兰氏阴性菌肽聚糖的合成

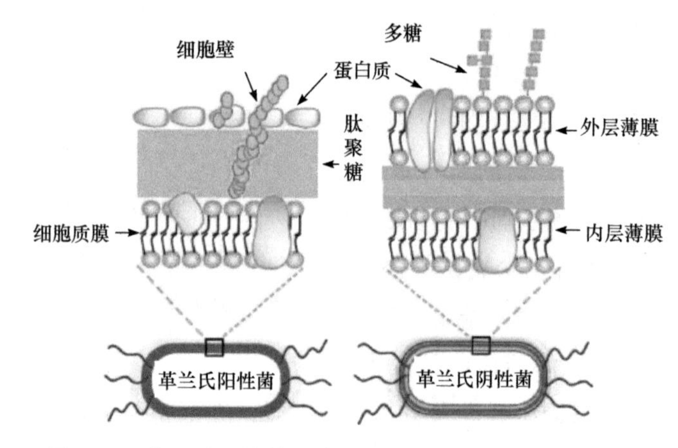

图 12-8　革兰氏阳性菌和革兰氏阴性菌细胞壁结构示意图

以上是青霉素的杀菌机理[2]。其他种类抗生素的作用机制有所不同：有的是抑制蛋白质的合成，有的是抑制 DNA、RNA 的合成来阻碍细菌的生长、繁殖。人和动物的细胞没有细胞壁，因此青霉素对人体的副作用较小。但是对青霉素过敏的人不能使用青霉素，过敏导致的后果很严重，甚至导致人休克死亡，所以在注射青霉素前要做皮试（图 12-9）。之所以会过敏，一方面是因为青霉素提取不纯，含有杂质；另一方面是因为青霉素与体内的蛋白质结合之后导致的免疫系统变态反应。

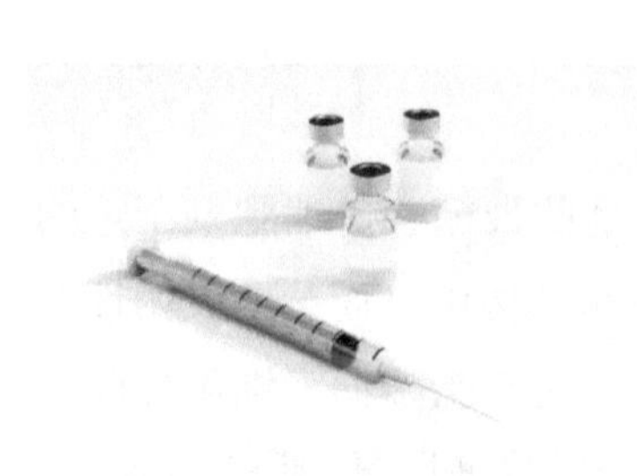

图 12-9　注射青霉素前做皮试

12.3 深相知·“化”出健康

前面说到青霉素的作用机理是抑制细胞壁的合成，但是它对结核杆菌的疗效非常差。直到第二次世界大战之后，肺结核还是一种非常可怕的疾病，大家对它的恐惧不亚于今天对癌症的恐惧。青霉素诞生后，虽然它不能有效杀死结核杆菌，却让寻找治疗肺结核药物的人们看到了曙光。瓦克斯曼（图 12-10）和他的研究小组在对土壤微生物研究多年后，于 1943 年发现了一种新的抗生素——链霉素。链霉素由灰色链霉产生，可以说是对青霉素的补充，因为它作用于革兰氏阴性菌。他还陆续发现了灰链丝菌素、新霉素和其他数种抗生素，为之后出现的抗菌物打开了大门。由于这些贡献，瓦克斯曼获得了 1952 年诺贝尔生理学或医学奖。

图 12-10　做研究的瓦克斯曼

革兰氏阳性菌每隔一段时间就会出现基因突变，进化出一种特殊机制来对抗青霉素，最终得以存活，继续进攻人类，这就是平常所说的耐药性。细菌的突变有几种形式，有的增加细胞壁的厚度，有的合成出青霉酶，破坏 β-内酰胺环，这样青霉素就失去了活力。人们着手改良青霉素，发明新的抗生素。

循环往复，周而复始，细菌与人类的斗争永远都不会结束，因为抗生素与细菌是相互依存、相互对立的矛盾关系。细菌不断产生抗药能力抵制抗生素的攻击，而人类不断发明新的抗生素应对细菌的侵蚀。如此循环反复，细菌的耐药性和抗生素都上升到新的高度，使细菌与人类的关系处于平衡—平衡破坏—新平衡的循环中。最终将导致广泛耐药的超级细菌（图 12-11）横行，而人类无法及时发明新的抗生素去对抗。

图 12-11　超级细菌

至此，我们对青霉素等抗生素有了大致了解。这里提一个问题："日常感冒是不是都需要服用抗生素来消炎？"

当然不是，因为青霉素等抗生素作用的对象是细菌，但感冒也可能是由病毒引起的。事实上不管对人还是对家畜而言，都不可以频繁输液或口服青霉素等，否则最终受害者还是人类自己，不仅细菌会产生耐药性，人类自身也会因为频繁使用抗生素而导致自身免疫力下降。

首先，可以提高自身免疫力来对抗细菌[3]，如勤加锻炼，同时在饮食上保证每日蛋白质的摄入，并注意个人卫生。

其次，不要自己决定是否用抗生素。抗生素属于处方药，需要医生判断后再决定是否使用。

最后，频繁更换抗菌药物对细菌产生耐药性是有利的，因此要避免追求新的、高档的抗生素。

参考文献

[1] 杨响光．认识抗生素 [J]. 家庭医学（下），2009，4：6-9.

[2] 阳莉．病原生物与免疫学 [M]. 北京：中国医药科技出版社，2013.

[3] 张晓雷，尹海权，王明召．青霉素杀菌的化学原理 [J]. 化学教学，2012，10：74-76.

图片来源

封面图、图 12-4、图 12-9~ 图 12-11　https：//pixabay.com

图 12-5　栗纯．第五讲：医学微生物学基本知识 [J]. 赤脚医生杂志，1979，8：34-37.

图 12-8　刘卫卫．响应细菌细胞膜的荧光探针的合成及成像应用 [D]. 大连：大连理工大学，2021.

13 止痛药的遗憾——吗啡

13.1 初相遇·境中问“化”

根据第二次世界大战真实事件改编的美国电影《血战钢锯岭》上映以来好评如潮，除了被战争血腥画面所震撼，更多的是被主人公道斯的坚毅勇敢所感动。在冲绳战役中，道斯在没有任何武器的情况下穿越火线救了75名伤亡士兵。在救援中可以反复看到他的一个动作——为受伤士兵注射吗啡（图13-1）。

图13-1 道斯为受伤士兵注射吗啡

不光在这部电影中，在其他影视作品中也常常可以看到医护人员为流血士兵注射吗啡来镇痛的场景。除了止痛，吗啡还有什么其他作用？为什么说吗啡是止痛药的遗憾？要攻克这些认识难关，首先要闯过第一关——吗啡从哪里来？

13.2 慢相识·“化”园寻理

13.2.1 不平凡的出身

讲到吗啡的来历，不得不提到阿片，俗称鸦片。阿片和吗啡都属于阿片类物质（图 13-2），都是从罂粟中提取出来的。

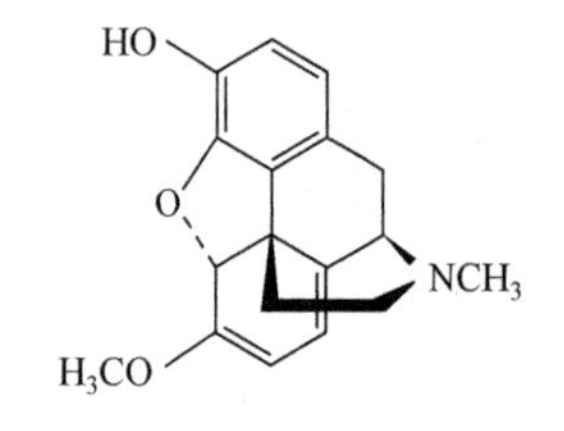

图 13-2 阿片类物质结构

阿片的主要成分是吗啡，吗啡在阿片中的含量为4%~21%，平均 10% 左右。1805 年，德国化学家泽尔蒂纳首先从阿片浸膏中分离出吗啡单体，1817 年又得到精制品。他用分离得到的吗啡在狗和人身上都做了实验，结果狗吃下去进入深度睡眠状态，而人吞下后也久睡不醒。因为这种物质可以引起昏睡，所以他用希腊传说中梦幻之神的名字 Morpheus 将其命名为吗啡（morphine）。吗啡刚提取出来时并未引起人们的重视，直到皮下注射法发明后才开始普及。吗啡口服效果较弱，皮下注射效果更强，而且可以减轻肠胃症状，从而加速了吗啡的使用。其衍生物盐酸吗啡是临床上常用的麻醉剂，有极强的镇痛作用，多用于创伤、手术、烧伤等引起的剧痛，也用于心肌梗死引起的心绞痛以及晚期癌症时的疼痛。在美国南北战争、第一次世界大战中，吗啡作为镇痛剂挽救了成千上万人的生命，但很快也使成千上万的士兵染上了毒瘾，致使军队中毒瘾问题日益严重。

吗啡的分子结构直到 1925 年才由英国牛津大学的化学教授罗宾逊爵士通过一系列降解实验得出。这个分子的核心是一个五元氮环和苄基异喹啉的环结构（图 13-3）。

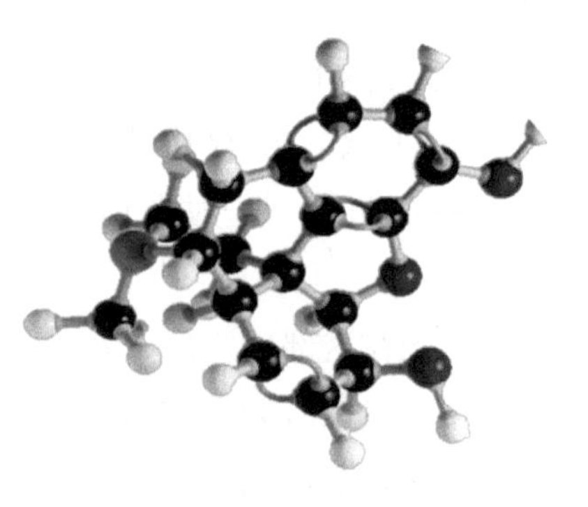
图 13-3 吗啡的球棍模型

资料卡片

吗啡作用部位的发现

吗啡的镇痛作用一直被人们熟知和利用，但是它的作用机制，即吗啡具体在哪个部位起镇痛作用是不知道的。中国科学院上海药物研究所的邹冈院士对此进行了深入研究。

在研究中，邹冈向家兔侧脑室注射了微量吗啡（仅为静脉注射的千分之一），其产生的效果与全身静脉注射的效果相当。这一现象表明吗啡的镇痛作用部位很可能在脑室系统的周围结构上。于是他做了进一步的实验和研究，最终证明了吗啡镇痛的主要作用部位在中央灰质。他将研究结果发表后，引起了国内外学者的关注。邹冈的发现已被许多国外学者重复证明。这一发现被誉为吗啡作用机理研究的“里程碑”。

13.2.2 止痛缘由

吗啡在麻醉镇痛上发挥着巨大的作用，它究竟如何起到止痛作用的（图 13-4）？

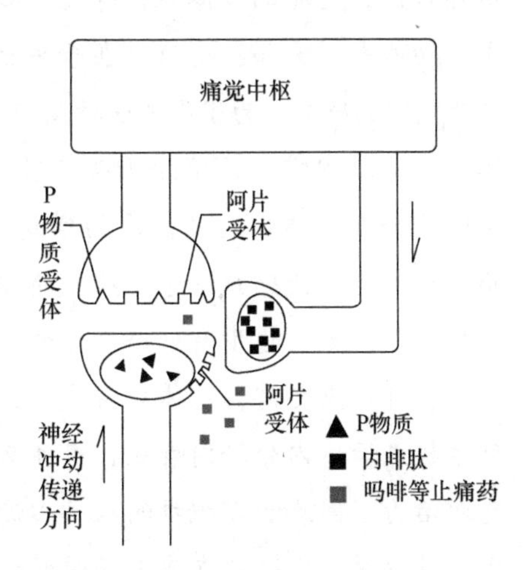

图 13-4 吗啡止痛机理

人体的皮肤、黏膜等部位遍布感受器。当人体受伤时，痛觉信号从痛觉感受器发出，沿着传入神经进行传递。由于神经元之间有间隙，当信号到达神经末梢时，突触会释放 P 物质，让它作用于下一个神经元，这样痛觉信号得以顺畅地传递下去。痛觉信号到达的首站是脊髓后角，接着作用下一个神经元，最后到达大脑皮质和边缘系统，这时人体就能感受到痛觉了。但是痛觉信号真的能这样畅通无阻吗？答案是否定的。事实上，机体除了有痛觉中枢，还有抗痛系统。上传到痛觉中枢的痛觉信号又会将信号沿抗痛系统的神经元向下传播，抗痛系统的神经递质包括内啡肽等，其属于阿片受体的内源性配体。内啡肽是由脑下垂体分泌的类吗啡的生物化学合成物激素，具有类似吗啡作用肽类物。当抗痛神经元突触接收到抗痛的信号，

知识链接

内啡肽是体内自己产生的内源性具有类似吗啡作用肽类物，除了具有镇痛作用，还能调节体温、呼吸、心血管功能等。例如，吃辣会在舌头上产生痛苦的感觉，为了平衡这种痛苦，体内会分泌内啡肽，消除舌头痛苦，同时还会在人体内制造快乐的感觉，而人们把这种快感归结于吃辣，所以爱吃辣。又如，跑步有一个奇妙的极点，在那个点之前，人体非常疲惫，到达极点后体内分泌内啡肽，身体又充满活力，因此长期跑步的人身心愉悦。可以说内啡肽是在痛苦的时候诞生，使人痛并快乐着，因此又被称为“快乐激素”。

就会释放内啡肽等物质，这些物质作用于痛觉传入通路，兴奋的感觉便会传入神经元突触前膜或后膜上的阿片受体，促进 K^+ 外流，减少 Ca^{2+} 内流，从而抑制突触前膜痛觉的神经递质的释放并使突触后膜超极化，最终减弱痛觉信号的传递，达到止痛的作用。吗啡等阿片类药物的作用机制与抗痛系统的递质相同，通过抑制痛觉递质的释放和抑制痛觉递质的痛觉信号传入突触后膜而发挥药效。

吗啡的止痛效果好，服用后一般很快见效，同时持续时间长。吗啡除了在镇痛上发挥着巨大效果，还能改善由疼痛引起的焦虑、紧张、恐惧，产生镇静作用，此外它还有镇咳、止泻等作用。

13.3 深相知·“化”出健康

吗啡有一个致命的遗憾——药物成瘾性，这也是阿片类药物的共性。药物成瘾是指以强迫性使用药物、对药失去控制能力为主要特征的慢性复发性脑疾病。人们对阿片类药物的依赖是如何产生的？这时不得不提及一种化学物质——多巴胺（图 13-5）。

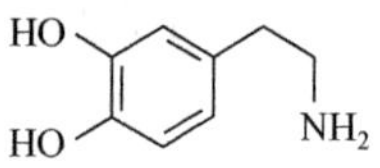

HO, HO, NH_2

图 13-5 多巴胺的结构式

多巴胺（DA）是一种神经传导物质（多巴胺的分泌及作用如图 13-6 所示），可以帮助细胞传送脉冲。这种脑内分泌物与人的情欲、感觉有关，它可以传递兴奋及开心的信息。例如，

一个拥抱、一句赞扬的话都会引起多巴胺的升高，多巴胺的升高会使人感到持续的兴奋与欢乐。但是多巴胺不会一直升高，因为人体有纠错机制，当多巴胺频繁升高时，人体中的其他神经细胞会释放出 γ- 氨基丁酸抑制感受器神经受到过度刺激，强迫大脑休息，从而使多巴胺不会过度升高，避免过度兴奋伤及器官和大脑。而药物成瘾是通过外源性药物使多巴胺的自我调控失衡，多巴胺含量骤增，使人产生欣怡感。重复作用下大脑的正常约束机制完全被破坏，最终让人对毒品、药物成瘾[1]。

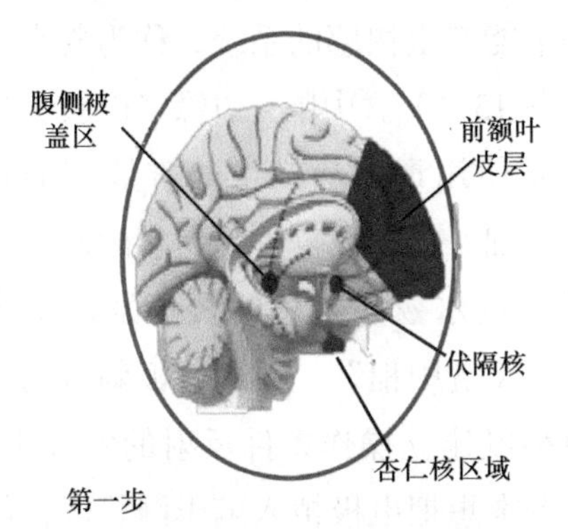

第一步

当条件反射和奖赏通路中的神经细胞释放神经传递素——多巴胺进入伏隔核和其他脑区时，人体感觉良好

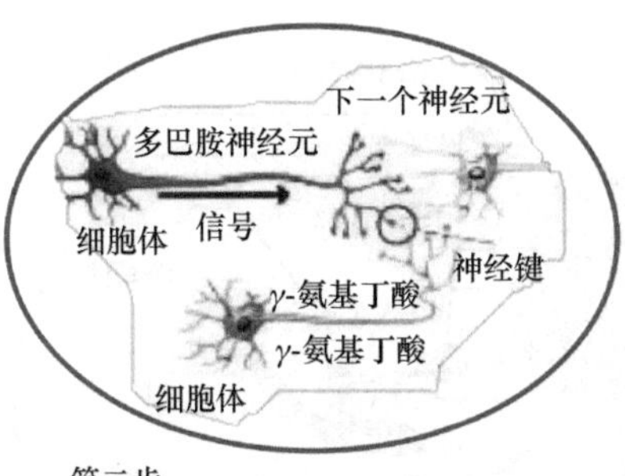

第二步

系统中的神经细胞向神经元轴突端输出电流信号，信号通过神经键传递给下一个神经细胞

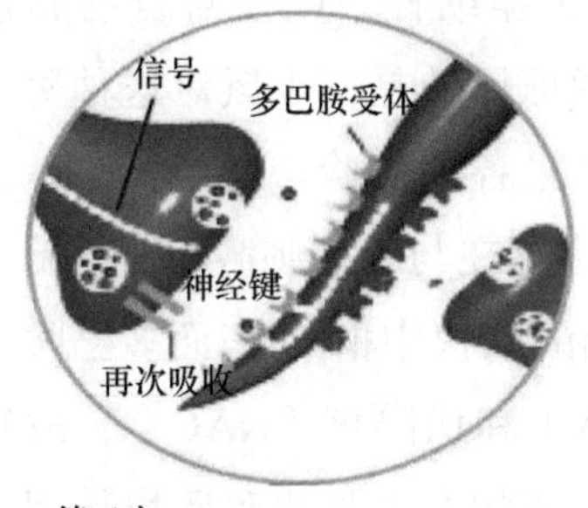

第三步

多巴胺被释放到神经键中，经过下一个神经元与感受器结合在一起，让人体产生快感。其他神经细胞通过释放 γ- 氨基丁酸来抑制感受器神经受到过度刺激

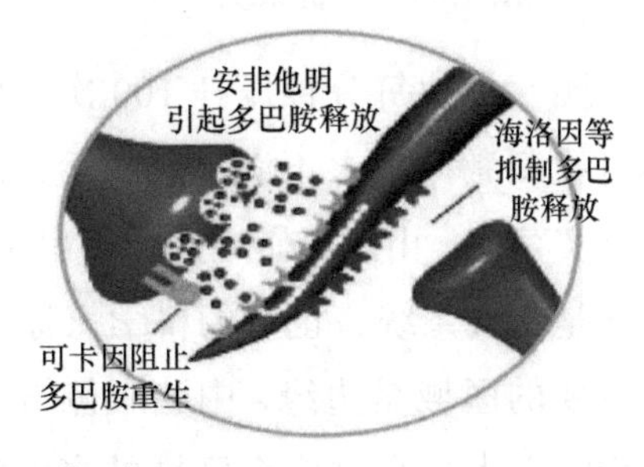

第四步

成瘾性物质数量的增加使多巴胺数量增加，并增加人体的快感。重复使用这些成瘾性物质会打乱大脑的正常记忆和认知平衡，最终导致对毒品等的依赖

图 13-6　多巴胺的分泌及作用

药物成瘾后突触间隙多巴胺变化出现双重性。成瘾者吸食吗啡等外来类吗啡肽物质进入人体后，减少并抑制了自身类吗啡肽物质的分泌，最后只能靠外界吗啡来维持生理活动，自身类吗啡肽物质完全停止分泌。一旦外界也停止供应吗啡，人的生理活动就会出现紊乱，出现戒断反应。此时需要继续使用类吗啡肽物质，才能维持平衡状态，表现为药物的负强化效应；出现与滥用药物相关的提示或情景，大脑内的多巴胺水平增加，表现为条件性奖赏作用（正强化）。这两种情况都是对毒品产生渴求，戒毒后复吸的重要原因。

另外，人的大脑中脑 - 边缘系统存在一个能产生快感的系统，称为奖赏系统（图 13-7）。中脑 - 边缘多巴胺奖赏回路是使用毒品后产生奖赏效应的神经学基础。加拿大麦吉尔大学的两位心理学家奥尔兹和米尔纳最早发现了大脑的“奖赏中枢”。在用电极刺激的方法使小鼠建立操作条件反射的实验中，实验者本想把电极植入脑干网状区，却因脑部坐标测定仪计算出了差错，误将电极插入了中脑隔区。这一错误使小鼠疯狂按压操纵杆，以便对自己施加刺激，频率高达每分钟压杆 100 次。更让实验者惊讶的是，小鼠对这种奖赏性的自我刺激似乎永不满足。随后，研究人员通过各种实验，证明了这一情况的真实存在。由此，研究人员得出结论，大脑中存在与奖赏刺激相关的脑区，这就是奖赏系统，也有的科学家称之为“大脑的欣快中枢”。 而多巴胺系统最主要的区域是边缘 - 中脑腹侧被盖区（VTA）和伏隔核（NAC），成瘾性药物能大大提高这两个区域的多巴胺水平，使药物产生强化和欣快作用。在人们滥用这些成瘾性药物时，腹侧被盖区是大脑多巴胺神经元最集中的地方，其多巴胺神经元末梢投射到伏隔核。正常情况下，由腹侧被盖区到伏隔核的多巴胺神经元投射和多巴胺的释放是低水平的，它是维持人的正常生理活动所必需的。使用成瘾性药物时，腹侧被盖区到伏隔核的多巴胺神经元的信息传递和多巴胺释放将成千上万倍地增加。长期使用成瘾性药物后，身体会产

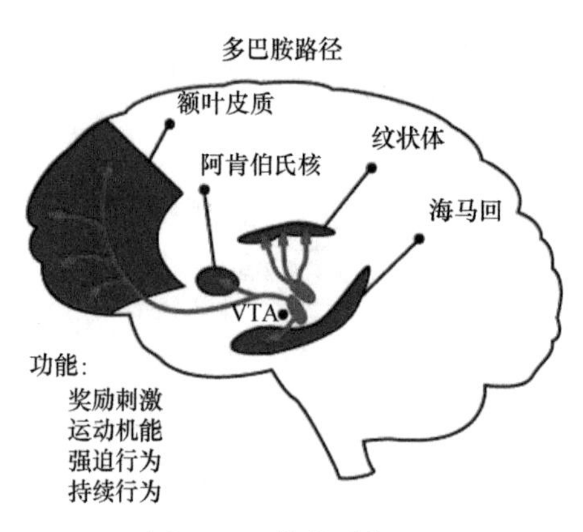

图 13-7　奖赏系统

生耐受，即需要越来越大剂量的毒品才能产生同样令人沉醉的“奖赏效果”。这是因为腹侧被盖区到伏隔核的多巴胺神经元长期接受成瘾性药物刺激后，其反应性和敏感性下降，不能继续大量地释放多巴胺，很多吸毒者最终只能体验到戒断症状而感受不到欣快感[2]。因此，吗啡等阿片类物质产生的身体和心理依赖与多巴胺系统密切相关。

不仅是药物成瘾与多巴胺有关，生活中人们对游戏和微信、微博等软件的沉迷都与多巴胺系统密不可分。多巴胺并不是直接让人感到快乐，而是促使人行动。当获得一次奖赏后，就会促使人朝着下一次奖赏而努力。多巴胺的奖赏机制的实质就是控制人反复行动。多巴胺就相当于获得前的期待感，人就是带着这样的期待感而行动。例如，人们刷微博的时候，总是强迫自己往下刷，即使已经很累了也舍不得放开。这是因为多巴胺的奖赏机制在告诉自己“后面更精彩”，反而强迫自己放下手机会感到焦虑。那减少多巴胺不就好了吗？当然不是，人没有欲望将会失去动力，失去快乐的源泉。帕金森病是因为中脑黑质多巴胺能神经元（图13-8）的死亡，导致产生多巴胺的量显著减少。另外，不够活跃的奖赏系统是抑郁症的生理学基础。因此，多巴胺是必需品。但当多巴胺使人沉迷时，人们需要分清渴望与快乐，用意志力去克服。

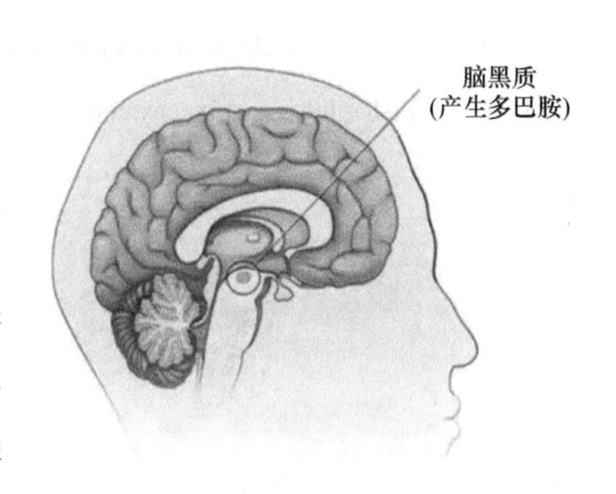

图 13-8　脑黑质产生多巴胺

除了成瘾性，大量使用吗啡还会引起中毒，出现瞳孔缩小、恶心呕吐的现象。另外，它还会抑制呼吸，使人呼吸减慢，并且有便秘的副作用[3]。虽然吗啡类止痛药有很大的副作用，但在医学上不禁止使用。对饱受疼痛折磨的癌症患者以及严重烧伤的患者而言，它是非常有用的。在强烈疼痛下注射吗啡，大脑并不会强化快感，产生精神依赖，此时更多的是为了“止痛”而不是追求欣怡感，医生通过规范药物使用量等方式可以减少病患的成瘾性。人们在享受药物带来的舒适缓和的同时也要注意不可过量。

参考文献

[1] 杨波 . 毒品成瘾与心理康复 [M]. 北京：中国政法大学出版社，2015.

[2] 杨黎华 . 多巴胺及多巴胺系统在阿片类毒品成瘾中的作用 [J]. 云南警官学院学报，2014：32.

[3] 丁斐 . 神经生物学 [M]. 北京： 科学出版社， 2007.

图片来源

图 13-1　https：//p0.ssl.qhimgs1.com/sdr/400__/t015b0a343a4990c14e.jpg

图 13-2　https：//www.vlpos.com/a/Q8/KDL0HBQ8.html

图 13-3~ 图 13-8　https：//pixabay.com

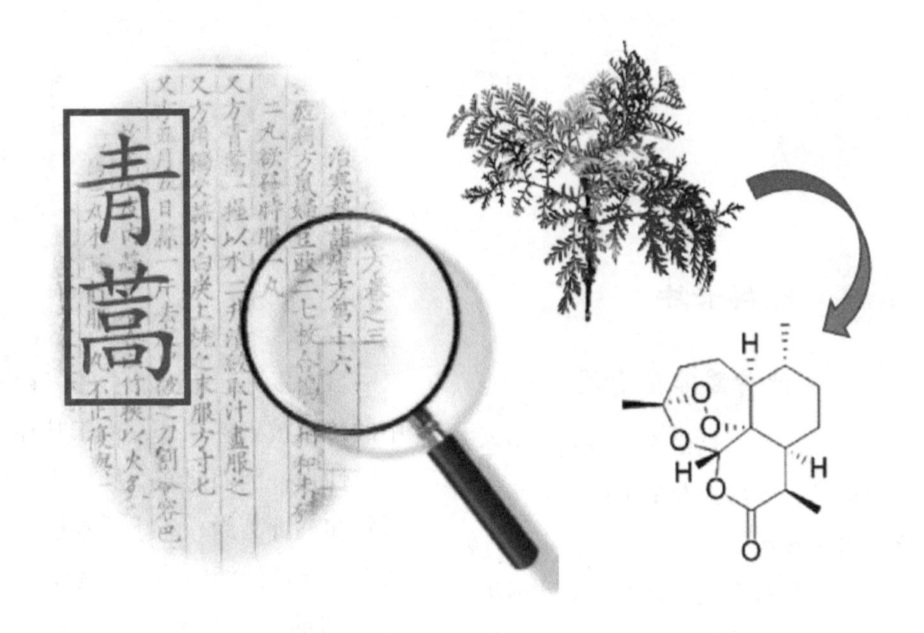

14 呦呦握“蒿”传福音

14.1 初相遇·境中问“化”

“呦呦鹿鸣，食野之蒿。我有嘉宾，德音孔昭……”2015年10月5日，中国女科学家屠呦呦因发现治疗疟疾的药物——青蒿素，与来自日本、爱尔兰的两名科学家分享了该年的诺贝尔生理学或医学奖，这是中国科学家在中国本土进行研究而获得诺贝尔奖的首例，是中国医学界迄今收获的最高奖项。青蒿素究竟是什么？又是怎样在攻克疟疾（民间俗称“打摆子”）难题上大展身手的？

14.2 慢相识·“化”园寻理

资料卡片

此青蒿非彼青蒿

青蒿素具有抗疟疾的功效，但令人困惑的是，青蒿素却不是来自青蒿，而是来自黄花蒿。

这是药用名称和植物学名称不统一造成的混乱。按照《中国植物志》的记载，黄花蒿（图14-1）和青蒿是两种不同的植物，黄花蒿是菊科蒿属学名为*Artemisiaannua*种的中文普通名，青蒿是另一种*Artemisia Carvifolia*的中文普通名。对应本草药物学书籍中记载的分布、气味、花期等关键特征，可以确定中药里的“青蒿”和“黄花蒿”即为植物学上的黄花蒿，而植物学上的青蒿其实是名字用错了地方。

图14-1　黄花蒿

14.2.1　追本溯源话青蒿

自古以来，青蒿除了在《诗经》中的传唱被人熟知外，由于其环境适应性强，因而遍布全国，为大众所熟知。青蒿为一年生草本植物，散发出丝丝淡淡的草香。南朝齐、梁时期的陶弘景有云：“处处有之，即今青蒿，人亦取杂香菜食之。”可见，青蒿在古时就是一种很受欢迎的野草。尽管它渺小平凡，却在治病救人的大事上毫不马虎、屡创佳绩。

青蒿入药最早见于湖南长沙马王堆汉墓出土的文物帛书《五十二病方》，其中写道：“青蒿者，荆名曰萩，主疗痔疮。”[1]随后，青蒿的功效越来越多地被发现。中国中医药四大经典之一的《神农本草经》中记载：“味苦寒，主疥搔，痂痒，恶创，杀虱，留热在骨节间。明目。一名青蒿。一名方溃。生川泽。”[2]青蒿在生敷止痛方面也有独特的疗效。据唐代《新修本草》记载：“此蒿，生挪敷金疮，大止

血，生肉，止疼痛，良。"[3]可见，青蒿不仅能止血，避免伤势加重，还能促进新肉生长，加速伤口的愈合。历史上最早有关青蒿具有明确抗疟效果的记载出自东晋著名医师葛洪的《肘后备急方》。在这本册子里，他提到了治疗寒热疟疾的一剂药方："青蒿一握，以水二升渍，绞取汁，尽服之。"屠呦呦也正是从这句话中获得了用乙醚提取青蒿素的灵感，从而推开了青蒿素的奥秘这扇紧锁的大门。

14.2.2 疟原虫的"人生之路"

要想知道青蒿素如何攻克疟疾难题，首先需要对疟疾的发病机理有必要的了解。作为一种能迅速传播并引发大规模瘟疫的传染病，疟疾不仅在古老的东方掀起一波波死亡的骇浪，在西方也曾经被当成死神的"镰刀"，收割了不计其数的鲜活生命。古希腊时期的亚历山大大帝、第一次成功攻占罗马这座"永恒之城"的亚拉里克一世以及欧洲文艺复兴初期的著名诗人但丁都因疟疾而辞世……

在现代医学中，科学家经过不懈努力，终于探到了疟疾的底细。疟疾是经雌性按蚊（又称疟蚊，蚊科疟蚊属，遍布于世界各地）叮咬或者输入带疟原虫者的血液而感染疟原虫引起的虫媒传染病[4]。此定义揭露了疟原虫是造成疟疾的罪魁祸首，而雌性按蚊则是传播疟疾的主要帮凶。疟原虫在人体内的传播及生长途径主要包括进入人体红细胞外期和进入红细胞内期阶段，具体如图 14-2 所示。

疟原虫（图 14-3）是非常善于利用宿主完成自身的发育和繁殖。疟原虫需要人和按蚊两个宿主。寄生于人体内的 4 种疟原虫的生活史基本相同，它们寄宿在人体肝细胞和红细胞内，并分别进入发育的两个阶段。

第一个阶段称为红细胞外期阶段（简称红外期）。这个阶段主要通过雌性按蚊进行传播，即当携带有疟原虫成熟子孢子的雌性按蚊在叮咬人体时，子孢子随着按蚊的唾液进入人体，大约 30min 后，子孢子就随着血液流动侵入肝细胞，并摄取肝细胞内的营养进行发育和裂体生殖，最终形成红细胞外期裂殖体。一般来说，成熟的红细胞外期裂殖体内大概含有数以万计的裂殖子，这些裂殖子在涨破肝细胞后直接释放出来，一部分被人体的"卫士"——

巨噬细胞所吞噬，剩下的部分则成功侵入人体的红细胞内，并在红细胞内进行自身的发育，进入第二个阶段——红细胞内期阶段，即疟疾的发病阶段。

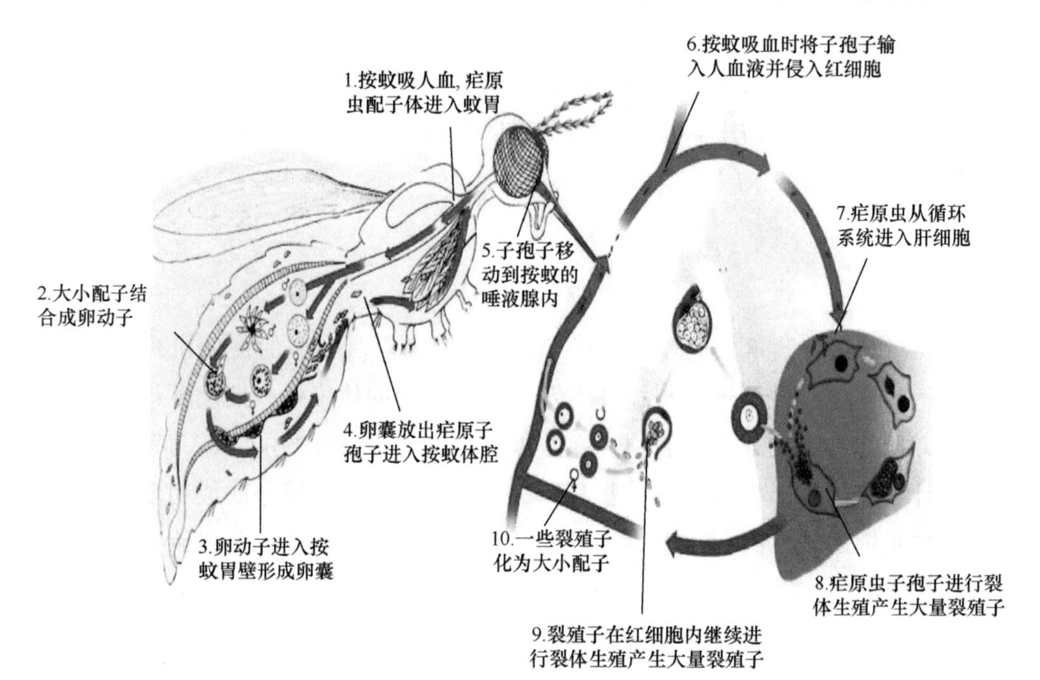
6.按蚊吸血时将子孢子输入人血液并侵入红细胞
1.按蚊吸人血，疟原虫配子体进入蚊胃
7.疟原虫从循环系统进入肝细胞
5.子孢子移动到按蚊的唾液腺内
2.大小配子结合成卵动子
4.卵囊放出疟原子孢子进入按蚊体腔
3.卵动子进入按蚊胃壁形成卵囊
10.一些裂殖子化为大小配子
8.疟原虫子孢子进行裂体生殖产生大量裂殖子
9.裂殖子在红细胞内继续进行裂体生殖产生大量裂殖子

图 14-2　疟疾的传播及生长途径

图 14-3　显微镜下的疟原虫成体

在红细胞内期阶段，侵入红细胞的裂殖子首先在红细胞内形成一个环状体，然后抢夺红细胞内供输的营养物质，用于自身的生长发育。然后，这些裂殖子从破裂的红细胞中释放出来，此时与第一个阶段类似，其中一部分裂殖子同样被巨噬细胞吞噬，剩下的一部分再伺机侵入人体其他正常红细胞内，并不断重复以上红细胞内期的裂体生殖行径[5]。值得注意的是，当疟原虫在人体内经过几代红细胞内期裂体生殖后，开始发生变化，因为它们到了要繁殖后代的时候。

于是，成熟的裂殖子分化成雌、雄配子体，只有经过这一步，疟原虫才能进行繁殖，并源源不断地产生下一代。

恶性疟原虫配子体发育的地方主要在肝脏、脾脏和骨髓等器官的血窦或微血管内，它们一旦成熟后，就会出现在人体的外周血液中。此时有一个关键的问题，不同于之前雌性按蚊的输入，疟原虫的配子体现在需要输出，因为配子体无法在人体内发育，只能在蚊胃中进行（图 14-4），否则在人体内 30~60 天后就会衰老变性而被人体清除掉（图 14-5）。如果蚊子叮咬成功，则有可能是配子体随着血液被输送到蚊胃内。这次，疟原虫在完成了一趟"惊险旅行"后，将无数裂殖子散播在人体的肝细胞和红细胞内，并重新回到蚊胃，为制造下一代做准备。

知识链接

生殖方式

有性繁殖：生物界普遍存在的生殖方式。

配子生殖：由亲体产生的有性生殖细胞（配子）两两相配成对互相结合成为合子,再由合子发育成新个体。

裂体生殖：生物由一个母体分裂成两个子体的生殖方式，新个体的大小和形状都大体相同，是单细胞生物特有的无性繁殖方式。

孢子生殖：母体产生孢子，由孢子直接发育成新个体的生殖方式，属于无性繁殖方式。

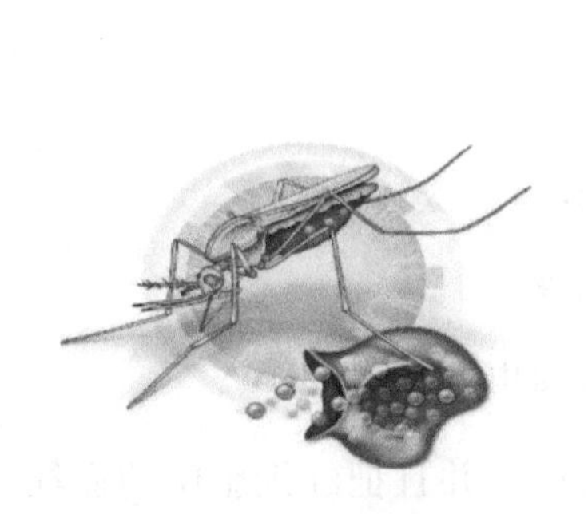

图 14-4　蚊胃内的疟原虫

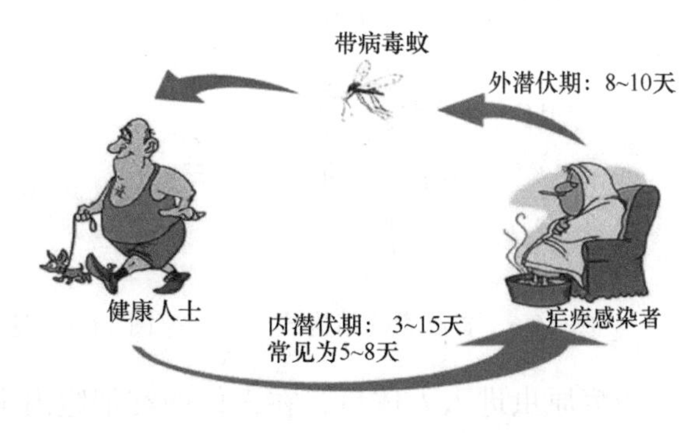

图 14-5　疟疾的传播

14.3 深相知·“化”出健康

我们已经知道了疟疾的发病机理和它的传播途径，那么青蒿素究竟是如何在治疗疟疾上发挥其卓越功效的呢？让我们一起来了解青蒿素和疟原虫之间的“爱恨情仇”吧！

虽然目前科学界对青蒿素治疗疟疾的机制并没有定论，但多认为青蒿素及其衍生物的化学结构中的过氧桥基团是其中最重要的结构，因为没有过氧键的青蒿素类似物没有显著抗疟性，其赋予了青蒿素诸多特质，如抗疟活性，水煮失效必须冷萃提取等。在青蒿素的结构式（图 14-6）中，标有数字①、②的部分是青蒿素抗疟活性的关键结构——过氧桥。将它背后的七元环假想为一个平面，过氧桥就像是在这个平面的两点间搭起的一座桥。氧原子的最外层有六个电子，根据泡利不相容原理，周围有两个电子不能配对，只能单独存在。但是在形成过氧键的过程中，两个氧原子与边上的碳原子“手牵手”，把彼此落单的电子聚到一起，形成和谐的结构（图 14-7）。

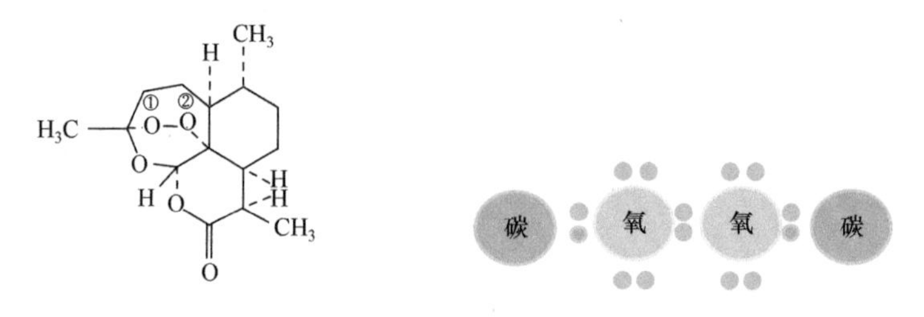

图 14-6　青蒿素的结构式　　图 14-7　过氧键中氧原子的电子式

当疟原虫进入人体后，在人体的红细胞内定居，并且把红细胞中的血红蛋白当作自己的食物。在它们大快朵颐的过程中，有些食物残渣留了下来，这就是血红素。血红素中的铁能够催化青蒿素的过氧桥分解，于是它们就分开了……氧原子比碳原子活泼，因此成功找到了其他原子，相应地，有一个

碳原子就落单了……都是疟原虫害的！碳原子在青蒿素的结构内部基本上没有希望与其他原子连接，只好伸向了另一个方向——疟原虫身上的某个关键蛋白。青蒿素就通过这个碳原子被接到了疟原虫的蛋白上，这一过程称为蛋白质的烷基化，而被烷基化的蛋白质无法发挥其正常功能，疟原虫也就失去了生命。

资料卡片

核外电子的排布规则

泡利不相容原理：在原子的同一轨道中不可能容纳两个运动状态完全相同的电子。

能量最低原理：在不违背泡利不相容原理的前提下，核外电子总是先占有能量最低的轨道，只有当能量最低的轨道占满后，电子才依次进入能量较高的轨道。

洪德规则：在等价轨道（相同电子层、电子亚层上的各个轨道）上排布的电子将尽可能分占不同的轨道，且自旋方向相同。

还有一种更通俗的解释：青蒿素的作用机理在于"饿死"疟原虫。疟原虫体内有多种蛋白质分子，它们各司其职，维持着疟原虫的生存，其中就有重要的主管输送营养物质的蛋白质。当青蒿素进入人体后，作用于疟原虫的生物膜，从而阻断了疟原虫营养摄取的最初阶段，失去营养供给的疟原虫最终只能形成自噬泡而死亡。

资料卡片

奎宁与疟疾

中国古代主要以各种含有青蒿的药方治疗疟疾，国外是采用什么治疗方法呢？这就不得不提到金鸡纳树与奎宁。相传南美洲的印第安人最早发现喝金鸡纳（图14-8）树皮的浸出液能够治疗疟疾。此后为了方便携带，人们将金鸡纳树皮研磨成粉，成为广泛流传的治疗方法，甚至还治疗过清朝的康熙皇帝，从而在中国名声大噪。但后来的事实证明，金鸡纳粉并非良药：一是因为种植难度大，此树对生长环境要求极高，不可能普遍栽种；二是金鸡纳粉本身有严重的副作用，患者易出现腹泻、哮喘、耳鸣、急性溶血等症状。后来，人们从金鸡纳中提取了有效的抗疟成分——奎宁（$C_{20}H_{24}N_2O_2$，图14-9），作为广泛使用的治疗疟疾的特效药。

图14-8 金鸡纳

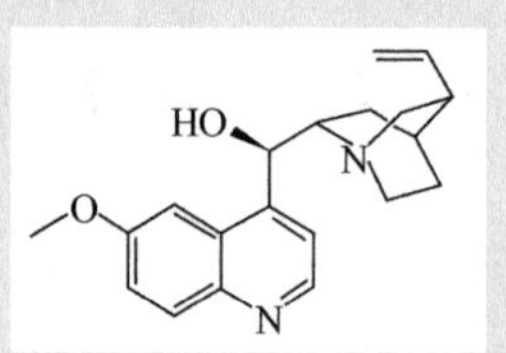

图14-9 奎宁的结构式

参考文献

[1] 胡世林 . 青蒿的本草考证 [J]. 亚太传统医药，2006，1：28-30.

[2] 刘冰 . 青蒿素究竟来自哪里 ?[J]. 甘肃农业，2015，19：60.

[3] 刘冰，刘夙 . 黄花蒿、青蒿与青蒿素原植物的再辨析 [J]. 中国科技术语，2016，18(4)：43-47.

[4] 郭新乐，徐闫，于志，等 . 杂合体在抗疟疾和抗炎领域的研究进展 [J]. 国外医药（抗生素分册），2018，39(1)：14-23.

[5] 王东 . 鼠疟红内期动力素蛋白亚单位、核酸疫苗与细胞颗粒疫苗免疫效果的比较研究 [D]. 北京：中国协和医科大学，2002.

图片来源

图 14-2~ 图 14-8 https：//pixabay.com

第五篇

绿色家居

15 室内“隐形杀手”

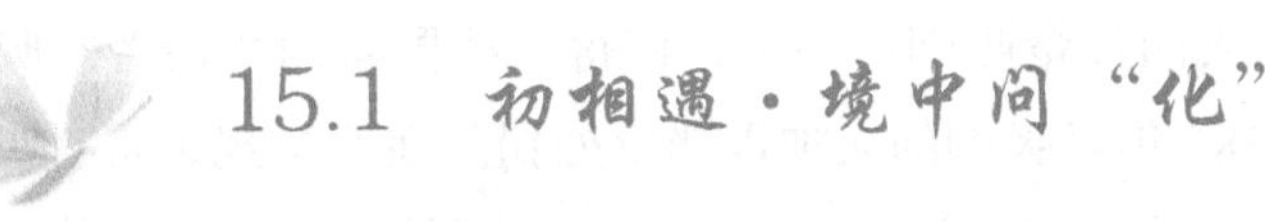

15.1 初相遇·境中问“化”

近年来，人们对雾霾非常关注，甚至谈“霾”色变，但却对室内“烟霾”置若罔闻。众所周知，吸烟有害健康，而“烟霾”听上去并没有雾霾那么可怕，真的是这样吗?

经过测试，如果五六个人同时在封闭的室内每人点燃一支烟，那么室内的 $PM_{2.5}$ 含量比雾霾天还严重得多[1]。也就是说，当人们在室内能闻到烟味时，室内的空气质量比雾霾天还差。在正常通风的情况下，有人在室内只吸了一支烟，则室内 $PM_{2.5}$ 恢复到之前的水平需要 10h 以上。

吸烟是导致室内 $PM_{2.5}$ 飙升的“罪魁祸首”。当人们处于这个环境中，即使不吸烟，二手烟也影响人们的健康，因此不能轻视它带来的危害。

15.2 慢相识·“化”园寻理

随着经济的发展和社会的进步，人们在室内的时间已达 90% 左右，室内

空气质量问题日益受到大众的关注。室内空气中由于抽吸烟草制品而产生的物质称为环境烟草烟雾（environmental tobacco smoke， ETS）[2]。它是构成室内污染的主要因素之一。

15.2.1 源起

在原始社会时，人们就发现了烟草。最初也许只是为了提神、恢复体力，当咀嚼的次数多了，其味道让人们沉迷其中，难以舍弃。人类使用烟草最早的证据是建于公元432年墨西哥南部神殿中的一幅浮雕（图15-1）。在这幅浮雕中，一个玛雅人正叼着长烟管十分享受地抽吸烟草，从玛雅人采用烟叶装饰头部就可以看出他们对烟草十分着迷[3]。

如此漂亮的烟草花（图15-2），有谁能想到它对健康有害呢？人们在早期吸烟时，认为烟草对人是有益的，将其视作驱毒治病的良药，夸大了烟草的使用价值。但有人因过量吸烟而中毒，使得一些国家的统治者对吸烟加以干涉，如英国在1585年对吸烟的人加以严重处罚。在明文规定将对吸烟的人给予处罚后，许多人才意识到烟草的危害。人们开始了反吸烟宣传，第一次宣传主题是“扫除烟害”。美国卫生部部长曾提出“吸烟与健康”的报告说明：吸烟是极为重要的与疾病和死亡有关的环境因素，需要立即采取措施[4]。现在已经将每年的5月31日定为世界无烟日。2022年5月31日是第35个世界无烟日，其主题是“烟草威胁环境”。

图15-1 浮雕

图15-2 烟草花

烟草除了对吸烟者有害，还会污染室内空气。烟支燃烧有两种形式：吸燃和阴燃；抽吸时的燃烧称为吸燃，抽吸间隙的燃烧则称为阴燃。当吸燃时，从滤嘴端吸出的烟气称为主流烟气；阴燃时，从燃烧端和透过卷烟纸逸散到空气中的烟气称为侧流烟气。它们都产生于相同的吸烟过程，因此其化学成分一致，包括许多主要的致癌物质；但是由于燃烧状态、形成条件的不同，主流烟气和侧流烟气中化学成分的含量有较大的差异[5]。许多有害成分在侧流烟气中的含量明显高于主流烟气，如CO、尼古丁、苯、1,3- 丁二烯、*N*- 二甲基亚硝胺、甲醛等。

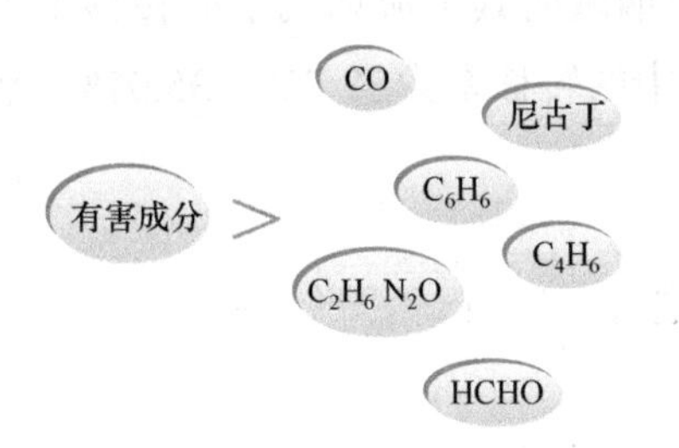

资料卡片

第一个把烟草当作药物的大使：1561年，法国驻葡萄牙领事让·尼科向法国王后凯瑟琳赠送了一盒烟末，帮助她治疗头痛病。直到几百年后，通过化学家的努力才纠正了这个错误，烟草中能治病的药物是有害物质，即尼古丁。

第一篇指出烟草有害的文章：1924年，美国《读者文摘》中刊载了一篇文章“烟草损害人体健康吗？”。

第一位撰文提出吸烟致癌的医生：1927年，英国医生弗·伊·蒂尔登在医学杂志《柳叶刀》上写道：他看到或听到的每一个肺癌患者都吸烟。

第一位提出被动吸烟有害的人：1986年，美国卫生官员西·埃弗里特·库普提出：生活在烟雾中的不吸烟的人面临严重的健康威胁。

主流烟气和侧流烟气在空气中混合、稀释和陈化，形成了极为复杂的动态混合物，它就是室内污染的主要因素之一——环境烟草烟雾（ETS）。由于环境烟草烟雾是经过空气的稀释和陈化而形成的，其有害物质的含量已经远远少于侧流烟气，也远远低于主流烟气。但环境烟草烟雾中仍含有与主流烟气、侧流烟气相同的化学成分，其中某些成分依旧影响人体的健康。

15.2.2 探微

环境烟草烟雾中含有哪些化学成分？从环境学的角度，并按照其物理化学性质的不同，将 ETS 中的有害物质分成十三类，包括：颗粒物、一氧化碳、烟碱、挥发性有机物、多环芳烃、羰基类化合物、*N*- 亚硝胺、芳香胺、酚类物质、氰化氢、金属和非金属、放射性物质、自由基。其中，有一种物质让吸烟者茶饭不思，它就是尼古丁。

烟碱又称尼古丁，是 ETS 中丰度较大的物质，也是 ETS 中具有毒性的成分之一，可以作为 ETS 标志物。它在室温下为无色或淡黄色油状液体，具有强烈的刺激性，与水可以任意比例相互混溶。在烟草中，除了少量自由状态的烟碱外，大部分烟碱与有机酸（如柠檬酸）结合形成盐存在。这些盐大多易溶于水和有机溶剂，在碱性条件下发生分解，生成游离态烟碱 [5]。从分子结构（图 15-3）来看，烟碱很不稳定，在中性或偏碱性条件下即可发生各种变化；当其受到强氧化性物质（如浓硫酸、高锰酸钾）的作用则转变为烟酸（图 15-4），在空气中也会被氧化成烟酸、氧化烟碱、烟碱烯等。当人们吸烟时烟碱去哪里了呢？监测数据表明，卷烟中的烟碱向其主流烟气中的转移率为 9.41%~10.50%（平均 9.97%），向总侧流烟气中的转移率为 32.72%~35.07%（平均 33.42%）。

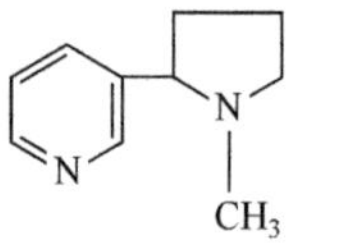

图 15-3 烟碱的结构式

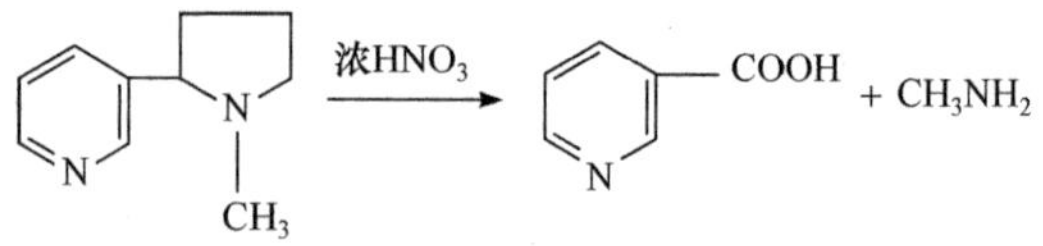

图 15-4 烟碱被浓硝酸氧化

尼古丁对人体的作用机理如下：首先，尼古丁与大脑内相应的受体结合后刺激大脑释放多巴胺，多巴胺是传递兴奋和开心的使者，因此吸烟者会感到愉悦或兴奋。但尼古丁在体内的半衰期很短，仅为 2~3h，到达肝脏后，很快在细胞色素酶的代谢下转化为可替宁，这使得吸入的尼古丁在短时间内就被代谢掉，多巴胺也随之消失。因此，当人们吸烟感受过愉悦感后，一旦停止吸烟，人体内尼古丁浓度就会迅速降低。当浓度降低到一定程度时，大脑

就停止释放多巴胺，吸烟者则无法感受到愉悦感，甚至出现一系列难受的感觉（戒断症状）。戒烟者刚停止吸烟可能只是感到头痛、血压升高、心率加快，时间长了，人会感到焦躁不安、注意力不能集中等，部分戒烟者还会出现食欲和体重增加，所以戒烟需要强大的毅力。毅力不足的人会因为迷恋吸烟时的愉悦感，或者只是为了避免这一系列难受的感觉产生，他们每隔一段时间（半小时到数小时）就会渴望继续吸烟，想要通过再次吸烟来维持大脑中的尼古丁浓度，这也是吸烟者对尼古丁欲罢不能的原因（图 15-5）。

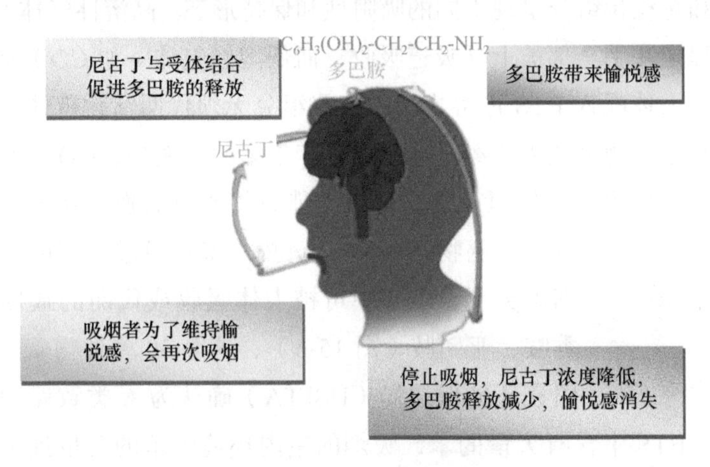

图 15-5　尼古丁上瘾的原因

实际上，戒烟者再次吸烟主要是为了缓解戒烟后难受的各种症状，而尼古丁带来的愉悦感是非常有限的。因此，吸烟者在吸烟成瘾后所体验到的愉悦感只是为了避免难受的症状而产生的相对愉悦。也就是说，吸烟首先将吸烟者的幸福度降低，然后逼迫吸烟者继续吸烟，将负的“幸福度”拉回正常线，而不是真正地增加幸福度。

许多吸烟者都已经了解吸烟的危害，并且也有戒烟的愿望，但是尼古丁这个掌控欲极强的“杀手”将人们牢牢抓住。烟瘾大的人并非是“本性难移”，而是戒烟时产生的痛苦感与吸烟的欲望比别人更强，因此其成功戒烟的可能性小。在这种情况下，吸烟者想要彻底摆脱尼古丁的“魔爪”，毅力、专业的治疗肯定是必不可少的，同时家人、朋友的理解、鼓励和支持也非常重要。

15.2.3 因果

长期吸烟将对肺造成极大的影响，从颜色来说，新生儿的肺是粉红色，一旦吸烟，肺就会出现小黑点，随着吸烟时间变长，小黑点就慢慢侵占了整个肺，将其全部染黑。即使不吸烟，“二手烟”也对人体健康有极大影响。相关研究表明，ETS 中许多化合物具有不同的毒理动力学特性和代谢途径，气相组分和颗粒相组分呈现不同的吸附性和保持形态。高溶性气体（如甲醛）在呼吸过程中几乎全部被上呼吸道吸收，而低溶性气体（如 CO）则慢慢地被肺泡吸收。人体吸入 ETS 毒害物后，某些组分无须代谢活化就能对健康产生危害，有些化合物可能需要经过活化间接产生影响。例如，CO 能直接与血红蛋白结合，降低血液的输氧功能；尼古丁能直接影响心血管系统；而烟草特有的致癌物——*N*- 亚硝胺，需要经过代谢的活化，诱发细胞突变。ETS 中可被人体吸收或代谢的致癌物包括芳香胺、亚硝胺（图 15-6）、苯等 50 多种物质。苯被美国国家环境保护局（USEPA）确认为 A 类致癌物，其可引发白血病，ETS 中含有大量的苯，吸烟的室内环境中苯的含量远远高于相应非吸烟的室内环境[2]。

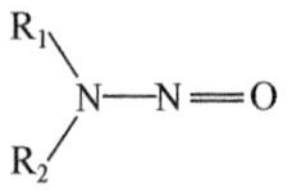

$R_1R_2N—N=O$

图 15-6　亚硝胺分子

ETS 对人体的致癌作用，目前认为主要有以下三大因素。

1. 破坏细胞基因

香烟中有许多致癌物质，这些致癌物质会“偷入”基因碱基中，破坏脱氧核糖核酸（DNA）的结构。如果不能及时修复损坏的 DNA，有病的基因将传递给子代细胞，子细胞就会成为潜在的癌细胞，一旦受到其他因素的刺激，癌细胞就发生增殖形成肿瘤。香烟中的毒性物质溶于水，可作用于 DNA，使 DNA 链断裂成碎片，特别是对已有癌基因细胞的 DNA 破坏更加明显，促使基因突变，发生细胞癌化而形成肿瘤[2]。

2. 放射性损伤

烟草在生长过程中，容易从土壤、肥料、水和空气中吸收放射性物质。其中危害较大的是钋（Po），这种物质在人们吸烟时挥发，随着烟雾进入人

体内积聚，不断地衰变形成α射线，损伤组织细胞。如果每天抽吸香烟约30支，α射线对人体产生的年照射剂量相当于拍100次X光所累积的剂量。这种照射会影响组织细胞的代谢，引起基因突变，诱发并促使癌细胞的形成和生长[2]。

3. 损伤免疫功能

吸烟会引起人体免疫功能的损伤，这种损伤与肿瘤发生率升高呈因果关系。人体免疫系统中有一种自然杀伤细胞——NK细胞（图15-7），它是一种淋巴细胞，不需要接受免疫系统的特殊指令，也不需要其他细胞的配合，自己单独就能识别和攻击外来细胞、癌细胞和病毒。有资料显示，每年累计吸烟150包以上的重度吸烟者，NK细胞的活性比不吸烟者明显降低[2]。

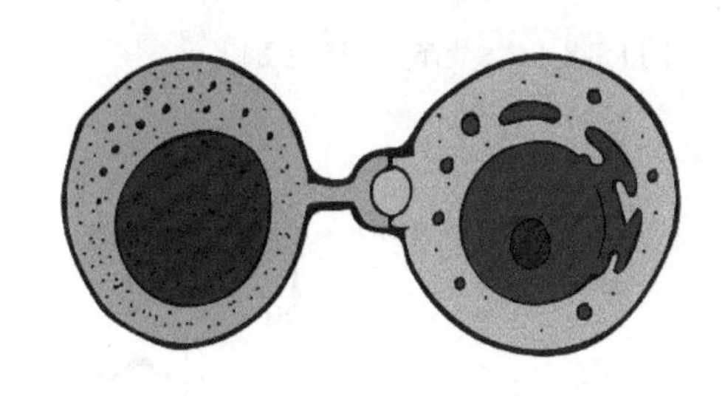

图15-7　NK细胞

15.3　深相知·“化”出健康

ETS可以导致癌症、呼吸道疾病、心血管疾病等一系列严重的健康危害，其发病率和死亡率非常高。酒吧、餐馆、吸烟办公室、吸烟家庭是ETS的主要场所。吸烟家庭甚至偶然吸烟家庭的ETS也可引起儿童急性和慢性呼吸道疾病，不存在安全的浓度下限。为了自己和家人的健康，烟民们一起戒烟吧！

但是戒烟并不是一件易事，对于抽烟时间较短的吸烟者，他们还没有成为烟草的忠实“粉丝”，可以凭借毅力戒烟；而已经成瘾或烟草依赖程度较高者，仅凭借毅力是不够的，往往还需要外界给予干预。为了帮助烟草依赖者戒烟，人们想了许多办法，如戒烟针灸法、心理戒烟法、药物治疗等[6]。

当毅力和家人的鼓励效果不明显时，药物治疗就成为一条最有效的途径。不同的药物对戒烟者起到的作用不同，有的让人逐渐摆脱对尼古丁的依赖，有的通过排除人体尼古丁的有害成分来达到戒烟的效果。总的来说，药物治疗能够减轻戒烟者在戒烟过程中的难受感，提高戒烟成功率。目前7种能够有效增加长期戒烟效果的一线临床戒烟用药，包括5种尼古丁替代疗法（nicotine replacement therapy，NRT）的戒烟药（尼古丁咀嚼胶、尼古丁吸入剂、尼古丁口含片、尼古丁鼻喷剂和尼古丁贴剂）和2种非尼古丁类戒烟药（酒石酸伐尼克兰片和盐酸安非他酮缓释片）[7]。

尼古丁替代疗法通过向人体提供尼古丁以代替或部分代替从烟草中获得的尼古丁，从而减轻尼古丁戒断症状，如注意力不集中、焦虑、易怒、情绪低落等。通过这种代替的方法，可以减弱戒烟者因缺少尼古丁而产生的难受感，使成功戒烟的可能性增加。

资料卡片

目前我国已被批准使用的戒烟药物有：

处方药：伐尼克兰（酒石酸伐尼克兰片，图15-8）、盐酸安非他酮。

图15-8　酒石酸伐尼克兰的结构式

非处方药：尼古丁贴剂、尼古丁咀嚼胶。

知识链接

1. 戒烟劝诫

研究显示，没有接受过治疗的吸烟者每年戒烟的平均比例大约为2%，而临床医生简短的建议就会使戒烟6个月或6个月以上的人增加2%[8]。

2. 坚持写戒烟日记

像记录生活一样，将戒烟的过程写成日记，在日记中为自己树立目标、加油鼓气、坚定毅力。

不在室内吸烟是杜绝 ETS 产生的最好方法。与通风环境相比，封闭环境下的 ETS 具有更大的健康危害，而加强室内通风是降低吸烟排放物的最有效方法之一。

如何改善室内空气？

（1）打开窗户，让室内的空气流动起来。

（2）增加室内空气湿度。

（3）在室内养殖一些花草。

参考文献

[1] 李超 . 中国控烟法实施困境探讨 [J]. 医学与社会，2015，28(9)：30-33.

[2] 谢觉新 . 环境烟草烟气对室内空气有机污染影响的研究 [D]. 广州：中国科学院广州地球化学研究所，2004.

[3] 姜萌，魏京翔 . 浅析人类吸烟的起源 [J]. 世界家苑，2012，5：378.

[4] 陈芝村 . 吸烟与健康 [M]. 北京：人民军医出版社，1988.

[5] 李春丽，毛绍春 . 烟叶化学成分及分析 [M]. 昆明：云南大学出版社，2007.

[6] 中华人民共和国卫生部 . 中国吸烟危害健康报告（摘要）[J]. 健康指南：中老年，2012，7：4-7.

[7] 肖丹，王辰 . 戒烟一线药物简介 [J]. 中华内科杂志，2008，10：863-864.

[8] 世界卫生组织烟草或健康合作中心 . 中国临床戒烟指南（2007 年版，试行本）[J]. 国际呼吸杂志，2008，28(16)：961-969.

图片来源

封面图 、图 15-1 、图 15-2、图 15-7　https：//pixabay.com

16 那些涂层很有“料”

16.1 初相遇·境中问“化”

又到一年秋季，巍峨的故宫又经历了一年的风吹雨打，远远看去显得有些沧桑，红墙似乎也变得黯淡无光。这时，工人们经过一番忙碌及时给它换上了新装，故宫再次恢复了原来亮丽的模样。是什么给故宫穿上了新衣？

那就是我们的巧手化妆师——涂料。生活中，一面墙、一扇门，经过刷子轻轻地涂抹，就拥有了新的面貌。让我们一起来看看涂料的“前世今生”，以及如何给我们的家来一次健康又美丽的换装。

16.2 慢相识·“化”园寻理

16.2.1 涂料的演变

古代，人们利用动物的油脂、草类和树木的汁液以及矿物等配制成原始

涂料来装扮物品，也用它们来记录美好时光，如被誉为“史前的卢浮宫”的拉斯科洞窟（图16-1）[1]。

图 16-1　拉斯科洞窟壁画

在这一时期，人们通过对大自然的探索，发现某些动植物、矿物有漂亮的颜色，由于“美的诱惑”，人们不断实践，渴望让这些颜色美化生活。也许一次偶然，这些天然颜料和简单的天然成膜物质（如动物的油脂、鸟类的卵白、树木的汁液等）混合，人们用它们在石壁上作画、给陶器上色等（图 16-2）。部分天然颜料和成膜物质的组成如表 16-1 所示。通过不断改进，人们发现这种经过调配的“涂料”可以存在得更长久，颜色也更亮丽，这就是最初的涂料。这时，涂料主要用于绘画或美化物品，可以说是涂料的“第一功能”。涂料除具有“装饰”功能外，还有“第二功能”也就是“防护”功能，如将沥青用作保护木制船体的防腐剂，埃及人用涂料作防腐剂制作了举世闻名的“木乃伊”[1]。

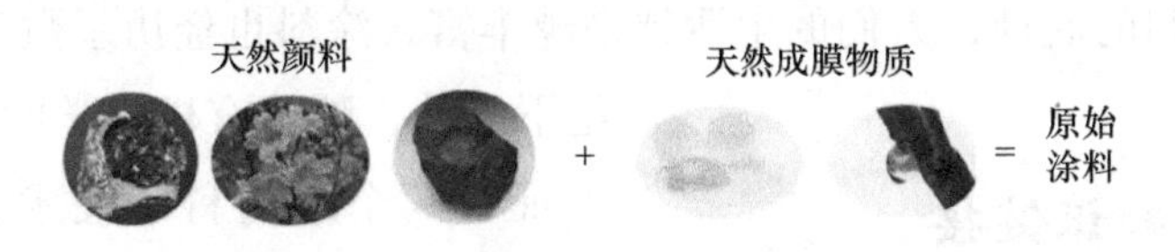

图 16-2　原始涂料

表 16-1　部分天然颜料和成膜物质的组成

天然颜料	朱砂	赭石粉	靛蓝	胭脂红
颜色	红色	褐色或深棕色	蓝色	红色
化学组成	硫化汞（HgS）	氧化铁（Fe_2O_3）	吲哚类	蒽醌类
天然成膜物质	鱼油	桐油	松香	卵白
化学组成	DHA、EPA	脂肪酸甘油三酯混合物	$C_{19}H_{29}COOH$	卵白蛋白

油漆和涂料有什么关系？原始涂料的出现风行一时，但人们逐渐发现这种单一涂料的光泽、硬度等性能较差。经过长时间的探寻，在战国时期发现了复合成膜物质制成的涂料。它是利用大漆、桐油两种成膜物质和多种天然彩色颜料配制而成（图 16-3）。人们用它来绘制各种图纹、修饰器物，使其

色彩更加亮丽。凡掺了桐油的大漆涂膜光泽都比纯粹的漆膜强，但抗老化性和耐化学腐蚀性能不及纯粹大漆的涂膜。这种将桐油掺入大漆的配方技术是涂料工艺的重大发展，由于桐油和大漆的应用而形成了“油漆”的习惯称谓，一直流传至今[2]。随着各种复合天然成膜物品种的增多，新型颜料也不断涌现，当时用于调制涂料的各色颜料多达千余种，如铅铬黄（$PbCrO_4$）、锌铬黄（$ZnCrO_4$）、硫化锑红（Sb_2S_5）、氧化铬绿（Cr_2O_3）和翡翠绿 [一种乙酸铜 $Cu(CH_3COO)_2$ 和亚砷酸铜 $CuHAsO_3$ 的复合物] 等都是这个时期涌现的。

图 16-3　战国时期的漆器

随着时间的流逝，人们的生活越来越丰富，涂料也经历了数千年。19 世纪下半叶，随着有机化学的快速发展，出现了两个新的科学技术领域，这就是有机高分子聚合物化学和合成染料化学，它们将合成树脂以及合成染料和颜料带入了涂料的世界。它们的出现使涂料的性能和颜色都发生了重大的变化，涂料进入了以合成成膜物质为主的时代，并且出现了许多完全不用天然成膜物质的涂料[3]。

1980 年，世界涂料年产量已经超过 2000 万吨，在发达国家，涂料年人均消耗量已达 10kg，涂料工业已成为现代化学工业的一个重要行业[5]。20 世纪以来，除了合成成膜物质大量出现之外，许多天然成膜物质和合成成膜物质混合使用或进行化学改性，使二者的

知识链接

在国家标准《色漆和清漆　术语和定义》（GB/T 5206—2015）中，涂料的定义是：液体、糊状或粉末状的一类产品，当其施涂到底材上时，能形成具有保护、装饰和/或其他特殊功能的涂层。早期大多以植物油为主要原料，故有油漆之称。现合成树脂已大部分或全部取代了植物油，故称涂料[4]。

性能取长补短，从而出现了许多新型涂料。这些涂料不仅大大消除了天然漆具有的毒性，而且涂膜的某些性能也得以改善。随着科学技术的日益发展，出现了特殊功能的涂料，如防水、防火涂料等。

16.2.2 涂料的组成

涂料的组成包括成膜物质（树脂、乳液）、颜料（包括体质颜料）、溶剂和助剂（图 16-4）。

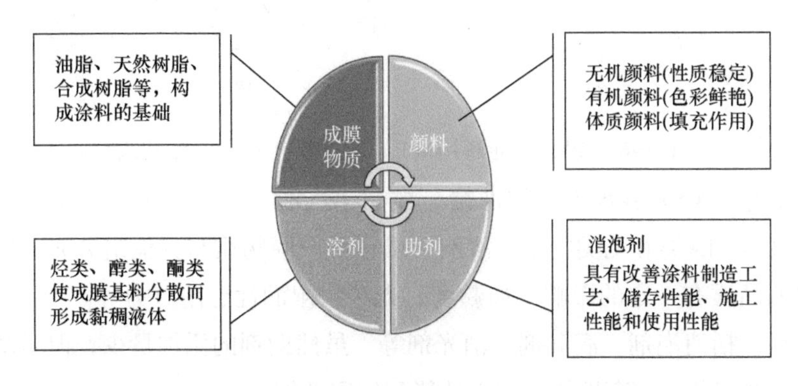

图 16-4　涂料的组成部分

成膜物质包括油脂（饱和脂肪酸甘油酯或不饱和脂肪酸甘油酯）、油脂加工产品、纤维素衍生物、天然树脂、合成树脂和合成乳液等。它将涂料的各种成分团聚在一起，也直接决定涂料的基本特性。

颜料（图 16-5）包括以下三类：①无机颜料，它的化学性质稳定、耐光、耐高温，不易变色、褪色和渗色，但色调少、色彩不鲜艳，如铅铬黄（$PbCrO_4$）、氧化铁颜料、立德粉（$BaSO_4/ZnS$ 复合物）；②有机颜料，它色彩鲜艳，色调丰富，着色能力强，如喹吖啶酮颜料、酞菁颜料，其结构式如图 16-6 所示；③体质颜料，又称填充料，是指不具有着色力和遮盖的白色或无色颜料，如碳酸钙（$CaCO_3$）、滑石粉 [$Mg_3(Si_4O_{10})(OH)_2$]，主要是增加漆膜的厚度，起到填充

图 16-5　各色颜料

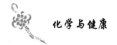

作用，降低涂装成本。

(a) (b)

图 16-6　喹吖啶酮颜料（a）、酞菁颜料（b）的结构式

溶剂包括烃类溶剂（矿物油精、煤油、汽油、苯、甲苯、二甲苯等）、醇类、醚类、酮类和酯类物质。溶剂可以帮助成膜物质与其他组分充分结合，对涂料的品质有一定的影响，如黏度、光泽、湿润性、附着力等。

助剂包括消泡剂、润湿剂、消光剂等。虽然助剂的添加量少，但是却能改善涂料制造工艺、储存性能、施工性能和使用性能。

16.3　深相知·“化”出健康

涂料虽然为人们的生活增添了一抹亮丽的色彩，但是它的“内涵”可不止于此！其中最引人注目的莫过于甲醛了。

大家好，我是小醛醛，我的中文名是甲醛（图16-7），有的朋友也会叫我“蚁醛”，英文名叫 formaldehyde，分子式是HCHO，有刺激性气味。我和水、乙醇玩得非常好，能和它们混合在一起，不分彼此。

福尔马林是 35%~40% 的甲醛水溶液，它具有防腐杀菌性能，常用来浸制

生物标本等，主要是因为蛋白质上的氨基能与甲醛发生化学反应。

甲醛随着呼吸进入人体，当甲醛浓度低时，人体会感到不适，浓度稍微高一点，人们就会痛哭流涕，浓度更高时，会立即致人死亡。

图 16-7 甲醛的球棍模型

对人体造成危害的甲醛在哪里呢？装修行业有这样的说法：“有胶必有醛”“无醛不成胶”等，这些说法当然是不准确的。有的胶不含甲醛的胶，如古代家装使用的树脂胶和鱼鳔胶，但是它们成本高昂、制作工艺复杂，难以普及。现在使用规模最广的胶黏剂是脲醛树脂，脲醛树脂由甲醛和尿素反应制得，普遍认为脲醛树脂的形成可分为两个阶段，即羟甲脲生成阶段（加成反应）和树脂化阶段（缩聚反应），如图 16-8 所示[6]。

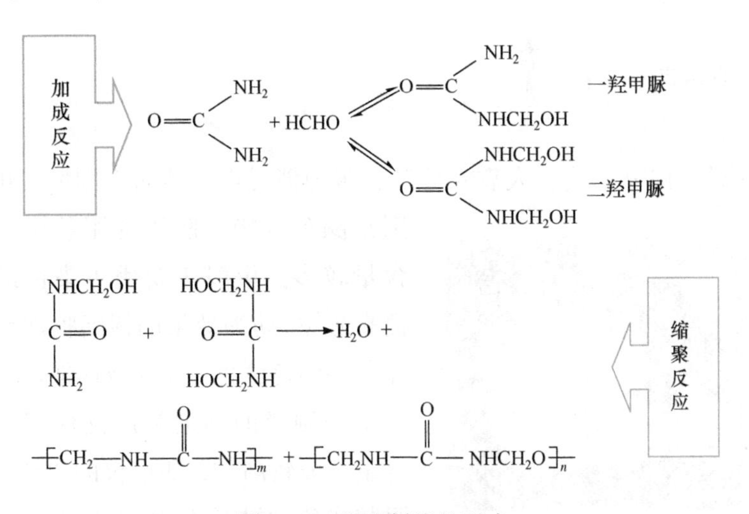

图 16-8 脲醛树脂的形成

无论是碱性还是酸性条件，尿素都能与甲醛在水溶液中反应得到一羟甲脲和二羟甲脲。羟甲脲中活泼的羟甲基进行缩聚后生成大分子产物。因此，脲醛树脂胶黏剂是包含一羟甲脲、二羟甲脲、游离甲醛及低分子聚合物的混合物[7]。

甲醛隐藏在生活中衣、食、住、行等各个方面，如童装、免烫衬衫，米粉、海参、虾仁，家具，甚至汽车（图 16-9）。

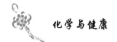

图 16-9　生活中的甲醛

1. 寸步不离——衣

俗话说“佛靠金装，人靠衣装”，服饰悄无声息地向周围散发甲醛，特别是颜色鲜艳、防皱的服装中，甲醛的含量较多。甲醛主要用于染色助剂以及提高防皱、防缩效果的树脂整理剂。因此，在一些颜色鲜艳、印花或防皱的衣服中，用甲醛制成的助剂被广泛使用，其甲醛含量一般较高[8]，如市售的“纯棉防皱”服装或免烫衬衫（图 16-10）。这些含有甲醛的服装在储存、穿着过程中都会释放出甲醛，特别是儿童服装和内衣释放的甲醛所产生的危害最大。

图 16-10　免烫衬衫

2. 秀色可餐——食

食物中的甲醛有两个来源：一是食品自身固有或在其储藏、加工过程中自身产生的内源性甲醛[9]。大多数食品中都含有甲醛，主要来源于食品中氨

基酸、糖类、脂类等成分的代谢产物。例如，香菇、南瓜、大葱、茄子等都含有甲醛，但是含量非常低。二是食物加工的外源性甲醛，用甲醛浸泡可使食物外表美观、防腐。例如，用甲醛浸泡水产品，可以固定海鲜形态、保持鱼类色泽。极小部分生产企业和不法商贩为牟取暴利，将甲醛或甲醛次硫酸氢钠非法添加到食品中[10]。

甲醛似乎已经对人们形成了“包围圈”，但是也不用“谈醛色变”。因为只要在安全范围内，进入体内的甲醛是可以被代谢掉的！根据美国国家环保局确定的标准，一个体重60kg的人每天的甲醛吸入量在12mg以内，对身体不会有大的影响。甲醛主要在直接接触部位被吸收，然后在体内被氧化为甲酸，甲酸经代谢后，以二氧化碳的形式呼出，或者以甲酸盐的形式从尿中排出。

知识链接

荷兰食品检测部门曾对162种产品，包括软饮料、含乙醇饮料、肉及肉制品等所含甲醛含量进行测定，结果发现[11]：

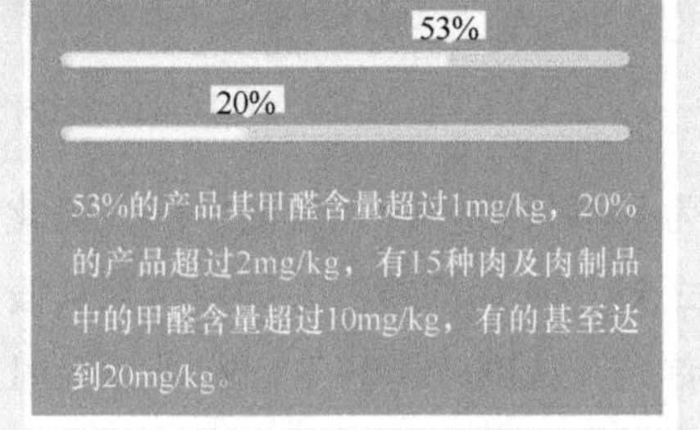

53%
20%
53%的产品其甲醛含量超过1mg/kg，20%的产品超过2mg/kg，有15种肉及肉制品中的甲醛含量超过10mg/kg，有的甚至达到20mg/kg。

另外，对86种肉及肉制品中的甲醛含量分析表明：

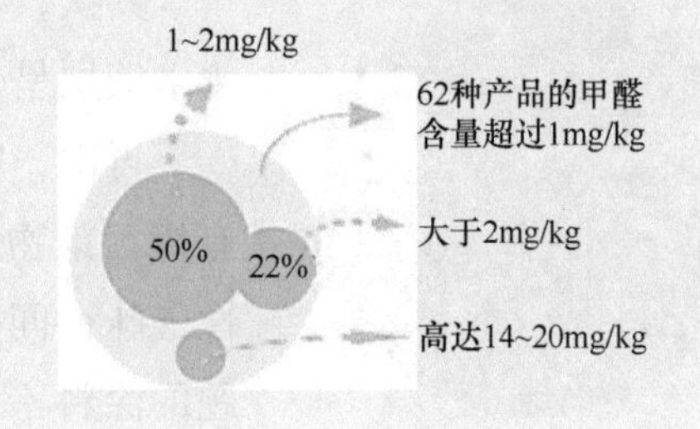

3. 朝朝暮暮——住

人们每天大部分时间都是待在室内，学习、工作、休息等，而室内空气中的甲醛主要来源于室内装饰用的胶合板、细木工板和刨花板等人造板材。因为生产人造板材时，使用的胶黏剂是以甲醛为主要成分的脲醛树脂，而其中残留和未反应的甲醛会逐渐释放到室内空气中。此外，甲醛来源还包括其他各类装饰材料，如油漆和涂料等（图16-11）。

图 16-11　室内空气甲醛来源

为了不长期接触大量的甲醛，美化家居时必须注意挑选环保材料。市面上那么多“环保涂料”，如何辨别真假?

首先，认准“十环”。购买涂料时尽可能选择正规的专卖店或零售店。真正的绿色环保涂料必须带有中国环境标志产品认证委员会颁发的“十环”标志（图 16-12）。

图 16-12　中国环境标志

其次，看涂料表面。优质的涂料，其保护胶水溶液层呈较清晰的无色或微黄色。

再次，闻气味。非环保型的涂料由于挥发性有机污染物、甲醛等有害物质超标，大多有刺激性气味，闻一闻涂料中是否有刺鼻的气味，有问题的涂料不一定有异味，但有异味的涂料就需要留心了。对于香味浓厚的涂料，也不建议购买，因为香味有可能来自香精，很难保证环保。

最后，看分层。打开涂料桶，用棍子轻轻搅动，若涂料在棍子上停留时间较长且覆盖均匀，则说明质量较好；用手轻捻涂料，越细腻越好[12]。

只要正确选用装修材料，就可以放心地为房屋穿上新衣，既不失健康，又不失美丽！

参考文献

[1] 竺玉书，居滋善 . 涂料工业发展史 [J]. 涂料工业，1987，2：57-59.

[2] 徐峰．我国功能性建筑涂料的应用与发展 [J]．中国涂料，2002，5：8-12.

[3] 詹益兴．绿色化工技术与产品开发 [M]．北京：化学工业出版社，2005.

[4] 黄泰 . 新国标 GB/T2705-2003《涂料产品分类和命名》之我见 [J]. 中国涂料，2004，9：11-12.

[5] 周绍绳 . 世界涂料发展史简论 [J]. 涂料工业，1980，6：1-13.

[6] 程伟. 无机有机复合改性脲醛树脂胶粘剂性能的研究 [D]. 南宁：广西大学，2007.

[7] 吴小桥. 脲醛树脂的制备及改性 [J]. 化工科技市场，2003，9：6-9.

[8] 张金良，郭新彪. 居住环境与健康 [M]. 北京：化学工业出版社，2004.

[9] 励建荣，朱军莉. 食品中内源性甲醛的研究进展 [J]. 中国食品学报，2011，9：247-257.

[10] 俞其林，励建荣. 食品中甲醛的来源与控制 [J]. 现代食品科技，2007，23（10）：76-78.

[11] 郝明燕. 国内外甲醛测试方法标准比较 [J]. 中国纤检，2013，24：77-79.

[12] 金雅庆. 这样家装最安全 [M]. 长春：吉林科学技术出版社，2008.

图片来源

封面图、图 16-3、图 16-10、图 16-11　https：//pixabay.com

图 16-5、图 16-9　https：//www.hippopx.com

17 打造健康居室环境

17.1 初相遇·境中问“化”

一谈到新房，有关气味的问题就少不了，这是因为装修污染能引发呼吸道疾病。有关调查表明：全国每年因此而死亡的儿童高达210万，而其中约一半的儿童死亡与室内空气污染有关[1]。装修使居室变得温馨又美观，但同时也将污染带入了室内。在进行装修时，不得不使用人造板材、胶黏剂、墙面涂料和油漆等多种材料，这就不可避免地将大量污染物带到室内。装修污染真的这么可怕吗？会对人体产生怎样的危害呢？人们该如何控制装修污染，营造真正健康、安全、环保的绿色家居环境（图17-1）？

图17-1　绿色家居环境

17.2 慢相识·“化”园寻理

通过前面两章的学习，我们已经知道香烟和油漆会污染室内空气。什么是室内空气污染？它从何而来？会对人们的身体产生什么影响？人们如何判断空气是否被污染？如何净化空气？只有解决这些问题，才能还人们一个健康的居室环境。

17.2.1 室内空气污染的来源

室内空气污染是由于室内有能释放有害物质的污染源或通风不佳，引起室内空气中有害物质种类与数量不断增加，导致人体不适的现象[2]。根据污染物的性质可以将其分为化学性污染物、物理性污染物和生物性污染物（图 17-2）。化学性污染物包括二氧化硫、氨气等无机化合物，苯、甲

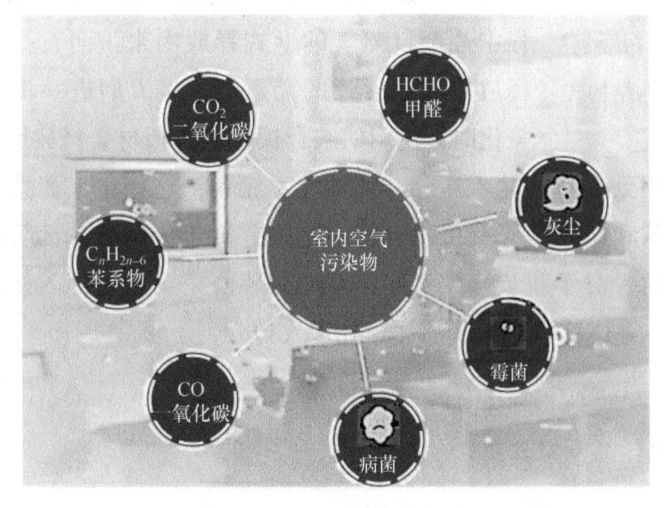

图 17-2 室内空气污染物

醛等有机化合物，金属粉尘等悬浮颗粒物及放射性物质。物理性污染物包括噪声，不适宜的温度、湿度、照明等。生物性污染物包括细菌、真菌、花粉、病毒等。

从房屋开始建造，空气污染就出现了，再到装修使用各种物品，以及人们在室内活动，方方面面都产生了污染（图 17-3）。

图 17-3　室内空气污染来源

1. 室内装修及建筑材料

从最开始的建造到装修都会产生各种污染，建造使用的建筑材料如混凝土、石材、砖等都有可能产生化学性污染。混凝土施工过程中添加了尿素（图 17-4）等氨类物质作为防冻剂，这些氨类物质在使用过程中逐渐以氨气的形式释放出来。而石材、砖则可能释放具有放射性的元素氡。当人们进一步对室内进行美化时，使用的胶合板等人造板材会释放甲醛。另外，在装修时会用到大量的化工产品，如油漆、涂料，这些化工产品中极有可能含有苯、甲苯和二甲苯等有机化合物，这些有机化合物会在日后逐渐释放到空气中。因此，对于新装修的房屋，不能在装修完成后立即入住，必须先放置一段时间，等待这些有害物质尽可能散发掉。

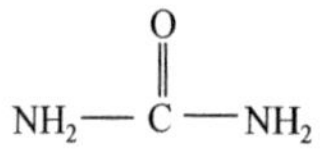

O
‖
NH_2— C —NH_2

图 17-4　尿素的结构式

2. 家用化学品和家具

家具和家用化学品也是污染产生的源头之一。家用化学品包括洗涤剂、

杀虫剂，甚至化妆品；在其生产说明书中可以看到醇类、酯类、芳香族化合物等有机化合物，这其中可能存在污染物。木制家具和布艺沙发是有害物质在家具中的主要栖息地。家具产生的污染物主要是甲醛（图 17-5）[3]。制造工艺不合格的家具，在使用过程中可能会逐渐释放苯、甲苯等，还可能产生氨。但是，这种污染不必过分担忧，其释放速率较快，不会在空气中长期大量积存。

图 17-5　家具释放的有害物质

3. 烹调和吸烟

民以食为天，美食也拥有悠久的历史。我国有众多的美食爱好者，对食物的处理方式也多种多样，包括煎、炒、炸、蒸和煮，在这个过程中会产生大量的油烟和燃烧烟气（图 17-6）。对食物进行煎、炒、炸时，在热分解的作用下会产生大量的有害物质，包括醛、酮、醇、烃、脂肪酸、芳香族化合物等，共计 220 多种。随着抽油烟机的出现，烹饪产生的油烟在室内停留的时间已经大幅度减少。燃烧烟气主要是燃料燃烧时产生的，煤、液化石油气或天然气燃烧时，可能产生一氧化碳（CO）、二氧化碳（CO_2）、氮氧化物（NO_x）、氰化氢（HCN）、二氧化硫（SO_2）和固体颗粒物等污染物；某些农村使用生

图 17-6　烹饪时产生的烟气

生活小故事

被熏死的小金鱼

半年前，唐先生装修新房以后，在家具城购买了卧室家具，包括床、床头柜。前几天，唐先生将6条小金鱼放在卧室的床头柜上，但是第二天早上发现金鱼全部死亡。为了找寻金鱼的死亡原因，唐先生做了实验，将一条生命力旺盛的小鲫鱼放到卧室里，但是第二天鲫鱼也死了。房间内没有杀虫剂，地板和涂料与其他房间相同，为什么放在其他房间里的金鱼没有问题呢？经过监测中心检测，发现床头柜附近的空气中甲醛和苯都超过《室内空气质量标准》。最终推断是因为甲醛易溶于水，从而导致了金鱼的死亡。

物燃料取暖、做饭，但灶具落后并且缺乏通风措施，烹饪时产生的大量颗粒物及气体弥漫在室内，对人的身体健康产生极大的影响。除烹饪外，人们在室内吸烟也会产生烟气，影响吸烟者和被迫吸二手烟的人的身体健康。

4. 室外污染物

室外的汽车尾气（图17-7）、工业废气会随着开窗进入室内。如果室外是大树、青草，这些气体就不存在了，室内空气也会变得清新。如果室外附近有污染源，那么室内空气的情况就可想而知。除了这些明显的污染物外，人体毛发、皮肤及衣物都会吸附空气中的污染物，当人从室外进入室内时，毫无感觉地将室外的空气污染物带入了室内。此外，将干洗的衣服带回家，会释放少量的四氯乙烯等挥发性有机化合物；如果在特殊环境中工作，将工作服带回家，也会将工作环境中的污染物带入室内。

图17-7　汽车尾气

除了以上几个方面外，还有人们自身新陈代谢产生的CO_2、氨类化合物等化学性污染物。当人们感冒咳嗽、打喷嚏时，人体感染的各种致病微生物会随之进入空气中。此外，室内还有一些隐藏的“小恶魔”，如床褥、地毯中滋生的尘螨，浴缸、面盆和便具等家具滋生的细菌和真菌。

17.2.2 室内空气污染的七种表现

可以通过观察人体、动物或植物产生的不良反应判断室内的空气污染。

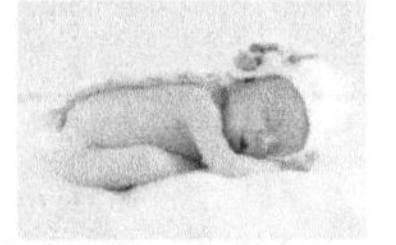

幼童综合征

症状：家里小孩常咳嗽、打喷嚏，免疫力下降。

心动过速综合征

症状：新买家具后家里气味难闻，使人难以接受，并引发身体疾病。

起床综合征

症状：起床时感到憋闷、恶心，甚至头晕目眩。

生活小故事

心动过速综合征　唐先生花3000元订购了一套布艺沙发，沙发外观精美，看上去没有质量问题，但是将其放置在房间内几天，沙发就散发出一股刺鼻的气味。唐先生发现只要进入房间就会感觉到呼吸困难，喘气憋闷，不敢在房间长时间停留。几天后，唐先生发现自己心跳过速，但是在医院检查心跳又恢复正常。通过检查发现，在沙发海绵使用的黏结剂中，苯的挥发量已经超过了国家标准的8.3倍。

起床综合征　某小区最近两天有业主反映房间有异味，并且感到头晕、恶心，如果晚上关上窗户，第二天起床后会感觉口鼻难受。经过检测发现，室内空气中氨的含量超过相关标准。建筑水泥中的防冻剂是导致其超标的原因。

类烟民综合征

症状：虽然不吸烟，也很少接触吸烟环境，但是经常感到嗓子不舒服，有异物感，呼吸不畅。

群发性皮肤病综合征

症状：家人常有皮肤过敏等情况，而且是群发性的。

宠物死亡综合征

症状：搬新家后，家养的宠物猫、狗甚至热带鱼莫名其妙地死亡。

植物枯萎综合征

症状：搬新家或者新装修后，室内植物不易成活，叶子容易发黄、枯萎，一些生命力强的植物也难以正常生长。

生活小故事

植物枯萎综合征　周末两天，工人们对办公室进行了重新装修。周一，员工们兴冲冲地进入新装修的办公室，但是首先映入眼帘的不是室内装饰，而是植物，两天前仍枝繁叶茂的植物现在已经全部枯萎……刚刚踏入室内的很多员工都闻到一股刺鼻的气味，少数员工甚至立即出现了胸闷气短、头晕脑涨等症状。后来对室内空气进行检测发现，室内空气中有多种有害气体超过国家标准，其中甲醛超过国家标准8倍！

宠物死亡综合征　在一栋新建的楼房中发生了一件奇怪的事。居民们带着活蹦乱跳的宠物进入新居，然而没几天，这些宠物都莫名其妙地死亡，并且不只是一两家出现这种情况。居民们相互聊天并没有发现宠物死亡的原因。后来经现场检测后发现室内氡含量特别高，氡含量高是由建筑使用的矿渣砖造成的。

除了观察生物的不良反应外，还可以请专业人员对室内空气进行检测。随着人们对室内环境的关注度越来越高，出现了很多室内空气质量检测机构，可以请他们对房屋空气质量进行检测，确保室内环境合格后再居住。植物既能美化室内环境，也是监测室内空气质量的小能手。植物可以反映周围环境有害气体的变化，某些时候比人体更敏锐。在室内摆放一盆植物，既为室内添加了一抹色彩，也可为空气质量提供警报。

生活之道

常见的可监测空气污染的植物：
唐菖蒲、玉簪可监测空气中的氟化物含量；
秋海棠可监测空气中的二氧化硫含量；
贴梗海棠、牡丹可监测空气中的臭氧含量；
兰花、玫瑰可监测空气中的乙烯含量。

17.3 深相知·“化”出健康

17.3.1 控制室内空气污染的认识误区

1. 空气清新剂能消除空气污染

空气清新剂（图 17-8）不能消除空气污染。它只能掩盖污染物的异味，原有的污染物仍然在室内飘散，继续影响和危害人体的健康。劣质的空气清新剂甚至有可能成为室内空气污染的发源地，散发的气体可能与污染物发生化学反应，加重污染的程度[4]。

图 17-8　空气清新剂

2. 只重视甲醛，不重视其他有害气体

人们对甲醛的危害认识很深刻，但是容易忽视其他有害气体。《室内空气质量标准》明文规定了几种必须检测的有毒、有害气体，如苯、甲醛、氨、总挥发性有机物（TVOC）等，其中苯、TVOC 等都是已确定的强致癌物质。因此，甲醛固然可怕，其他气体也不能忽视 [5]。

3. 凭气味判断是否有污染

当气体浓度达到一定水平时，人们才能闻到气味。当装修后，如果闻到明显的异味，那么此时室内空气污染的程度已经非常严重了。如果没有明显的异味，则可能是有害气体的浓度不够高，并不能说明污染不存在 [6]。

4. 先装修、后治理

有些人认为，可以先装修，然后放置一段时间，污染就消散了。但是实际上这些材料在逐渐地散发出有害气体，持续的时间并没有想象中短暂。例如，有些材料会释放甲醛，这个过程长达 3~15 年。目前还没有快速、有效、彻底的治理办法。因此，最好的方法就是从源头控制，选择合格的材料、有保障的装修公司，装修完成时将污染降到最低 [7]。

5. 只要材料合格就没污染

装修时不能一味地强调材料合格，实际上并不是装修时使用合格材料就没有污染。合格材料是指有毒有害物质的含量在规定标准以下，即使是合格材料也仍然有少量的有害物质。因此，装修时还要考虑在一定的空间内同一种材料的使用量，如果在一间房内大量使用同一种材料，由于累加效应，也可能导致室内空气质量不符合要求 [8]。

17.3.2 室内空气污染的源头控制

室内污染源的存在是造成室内污染的根本，因此要从源头上控制室内空气污染。

1. 选择绿色建筑

选择住房时要充分考虑房屋的各个方面，如室外是否有绿色植被，房屋结构的设计是否合理等。绿色建筑是适应地方生态的建筑，具有多种优点，

如节能、减少环境污染等（图 17-9）。绿色建筑还必须具备良好的采光与通风，人与自然交往，以及建筑与大自然的和谐关系[9]。

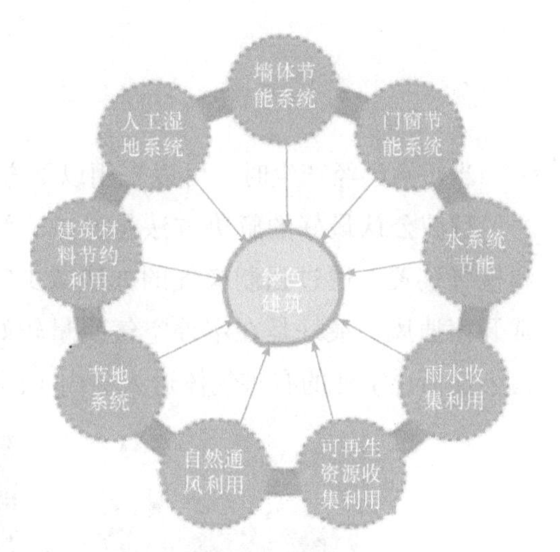

图 17-9　绿色建筑

2. 选用绿色建材

装修时，应选用无污染或低污染的合格材料，从源头减少污染。绿色建材（图 17-10）包括多方面的内容，如可循环再生。在购买绿色建材时，最好去正规的商店，并且注意查看是否有质量监督监测部门的检测报告，查看检验报告上的国家计量许可（CMA）标志和质量检验报告（CAL）标志（图 17-11）。

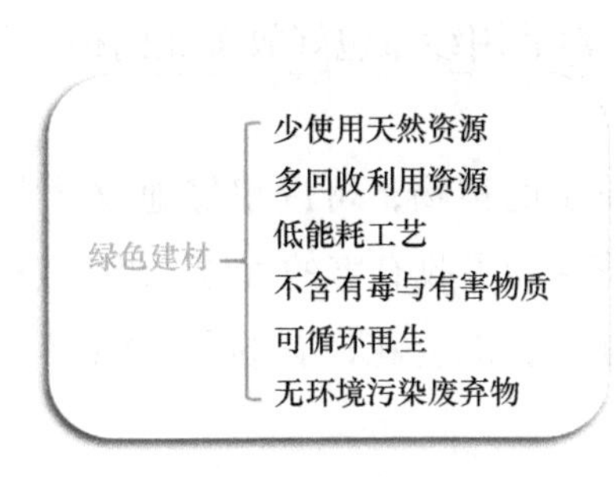

图 17-10　绿色建材

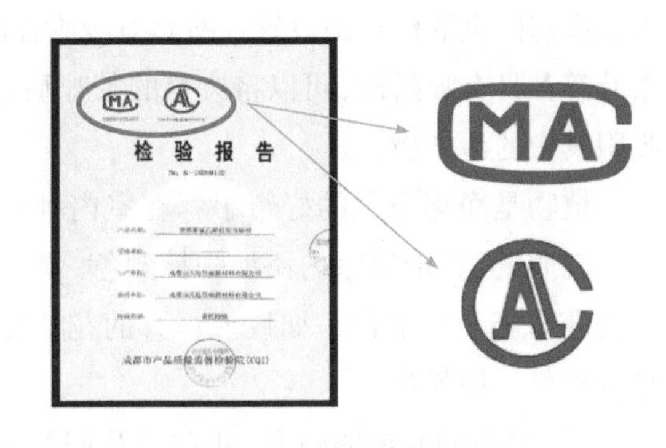

图 17-11　检验报告

3. 养成良好的生活习惯

人们要养成良好的生活习惯，如不吸烟，注意宠物的卫生清洁，尽量少去污染集中的地方等。

17.3.3 室内空气污染的末端治理

当污染已经产生时，可以采用以下方法治理。

目前公认最好的解决方法是通风。污染严重的室内可以安放空气净化器和换气装置，通过强制换气的方法减少室内气体污染。在生活中，也需要经常开窗通风，最好是在室外空气质量较好时打开窗户，以免没有排出室内的污染反而让室外的有害气体进入室内（图 17-12）。

图 17-12 通风

对于房间内的死角，其空气流动性较差，可以巧用吸附净化技术。例如，可以在房间里的橱柜中放置一些具有吸附性的物质。生活中，活性炭、竹炭、茶叶等都具有吸附性，可以将废弃的茶叶晒干，然后用纱布包好放置在橱柜中，吸附其中的污染物。

植物是净化空气的好帮手，在室内种植特定的植物，可以很好地改善室内空气质量，还能给室内添加一抹颜色。有的花草能吸收有害的气体，如芦荟；有的花草能杀菌消毒，如玫瑰；有的花草能除尘，如兰花；有的花草能使人精神放松，如茉莉。

家，是我们心灵的归宿，也陪伴我们走过漫长的岁月。打造健康居室环境，千万别嫌烦，居住在健康、舒适的环境中才是最重要的！

参考文献

[1] 落志筠. 我国室内装修污染的现状及其法律原因分析 [J] 现代物业：新建设，2011，10(2)：78-81.

[2] 刘靖. 室内空气污染控制 [M]. 徐州：中国矿业大学出版社，2012.

[3] 雷春雪. 浅谈室内空气污染对人体健康的影响及防治措施 [J]. 科技传播，2010，17：

160-161.

[4] 荆芥，赵丽，段东林. 室内空气污染治理的误区及应对方法探索 [J]. 产业与科技论坛，2014，16：60-61.

[5] 纪康保 . 低碳家居：藏在我们身边的科学 [M]. 天津：天津人民出版社，2013.

[6] 辛朗 . 室内空气污染的认知误区 [J]. 建筑工人，2014，7：55.

[7] 刘岩 . 家装导致室内有毒有害气体残留的识别与清除 [J]. 科学时代，2013，24：1-3.

[8] 魏军花. 家居甲醛污染与防治对策 [J]. 环境科技，2008，Z2：101-103.

[9] 余玮，吴志菲. 第三只眼看人居 [M]. 北京：中国经济出版社，2004.

图片来源

封面图、图 17-1、图 17-3、图 17-5~ 图 17-8、图 17-11 https：//pixabay.com